THREE CONTEMPORARY LATIN-AMERICAN PLAYS

Three Contemporary

Latin-American Plays

RENÉ MARQUÉS

EGON WOLFF

EMILIO CARBALLIDO

Edited by Ruth S. Lamb

Scripps College and
The Claremont Graduate School

Xerox College Publishing

LEXINGTON, MASSACHUSETTS · TORONTO

Consulting Editor
JOSEPH SCHRAIBMAN
Indiana University

Preface

Three plays by contemporary dramatists, René Marqués, *El apartamiento*, (Puerto Rico); Egon Wolff, *Los invasores*, (Chile); Emilio Carballido, *Yo también hablo de la rosa*, (Mexico) are included in this anthology. This is the first presentation of these plays in text form which permits them to be read with enjoyment by second or third-year Spanish students. Though differing widely in content and style, each play is representative of the type of theater being written and presented in Latin America today. The plays are also of interest to students who are studying contemporary Latin-American literature, history and civilization, since they present problems and ideas of contemporary interest.

An introduction, interpretative footnotes, and an end vocabulary are included.

The author gratefully acknowledges Margaret S. Peden's study, "Three Plays of Egan Wolff" presented at the 1969 Kentucky Foreign Language Meetings and subsequently published in the Latin American Theatre Review. Introductory remarks to Wolff's work in this volume draw substantially upon her scholarship.

Contents

The Latin-American Theater

Latin America has a deep-rooted dramatic tradition which dates from the Colonial period, and is evident in the Pre-Colombian civilizations in their religious dances and ritualistic representations.

During the three hundred years of the Colonial period, plays were divided into the religious and the secular. Dramatists such as Juan Pérez Ramírez, Fernán González de Eslava, Pedro de Peralta Barnuevo, Juan Ruiz de Alarcón, and Sor Juana Inés de la Cruz wrote both types. The friars used religious plays to teach Christian doctrines to the Indians. More elaborate religious productions were performed on Church holy days — Corpus Christi, Christmas, and Easter — for the entire populace. As this type of drama became more realistic than religious, it was forced to leave the protection of the Church.

Secular plays were presented in the homes of the wealthy, in the viceregal courts, in the public squares, and later in the *corrales* or theaters. Plays were used in festivals to welcome visiting dignitaries to the New World and to demonstrate loyalty to Spain. The plays were generally a reflection or imitation of the Spanish theater of the fifteenth, sixteenth, and seventeenth centuries, with New World elements and themes added.

The nineteenth century brought political independence from Spain. For the stage, it meant the continuation of neoclassical plays for a time, then the development of romantic melodrama, and finally the appearance of a critical theater of customs. The revolt of romanticism, which exalted and exaggerated the virtues of its dramatic heroes, found immediate acceptance in the theater of Hispanic America. A few romantic writers introduced the Indian into their plays, but most of them turned to their own colonial history. For example, Ignacio Rodríguez Galván and José Peón y Contreras delved into Mexico's past for their plays. Writers in other countries looked about them and dramatized contemporary events. In Peru, Filipe Pardo y Aliaga and Manual Ascensio Segura dealt with the early days of Peruvian independence. The Chileans, Daniel Barros Grez, Juan Rafael Allende and Román Vial dramatized the Santiago of their time.

As the theater came to present real and immediate conflicts, the dramatists were better able to interpret the more urgent problems of their respective countries, and to express themselves in a language which included the popular speech. Thus, in the plays of customs and manners, the characters often spoke with the linguistic pecularities of their own country, including archaisms and Indian words. Sometimes the plays were too preoccupied with picturesque settings and dialect, and human beings came through as puppets and stereotypes. Nevertheless, this type of theater defined the peculiar characteristics of the countries, the special attitudes of their inhabitants, the language, dress, and the external circumstances of their lives.

The theater of customs spread over the entire continent by the end of the nineteenth century, and continued to exercise its influence for the first three decades of the twentieth century. There was great dramatic activity in all countries in this period, and the stage was dominated by the *género chico*, realism, which rapidly became the classic form of modern drama, and a late romanticism patterned after that of Echegaray's in Spain. The greatest development took place in Argentina from 1900 to 1910, and was initiated by Eduardo Gutiérrez in 1884 when he adapted one of his gaucho novels, *Juan Moreira*, for the stage. The character Juan Moreira, a gaucho Robin Hood, was first presented in pantomime by the famous clown "Pepino 88" (José Podestá), and was very popular with the circus crowds. Two years later in Chivilcoy, Gutiérrez added the dialogue, and from that moment the theater in the Río de la Plata region was changed. Gutiérrez was followed by some thirty *criollo* writers, who dramatized life and customs in the Río de la Plata region. Among the best of these writers were Florencio Sánchez, Ernesto Herrera, and Roberto J. Payró, who used the techniques of naturalistic drama to transfer the conflicts of local characters to the stage.

The First World War brought many cultural changes and men of letters started to construct a new literature, which had its roots in humanism, and considered eternal and universal themes. The growth of psychology created a new instrument for the writers, with its systematic analysis of the oneiric world and its relationship to reality.

The period of experimentation in the theater in Hispanic America began in the decade of the 1920's, and lasted into the 1950's. In some countries the experimentation began early: in Mexico with its *Teatro Ulises* in 1928, in Argentina with its *Teatro del Pueblo*, 1930, and in Puerto Rico, with its *Generación del 1930*. In other countries, such as Brazil, Chile and Colombia, it did not appear until the beginning of the Second World War, but all the experimental groups form part of one organic movement.

Some dramatists in Hispanic America turned their interest to the classical tragedy and found new implications in it; others explored the possibilities of surrealism; and still others amplified and transformed the regional play of customs into a national drama. This last type was nourished by political and sociological studies, and dramatic expression achieved a tone of profound and rational analysis, capable of visualizing events and characters with a historical perspective. Those who achieved success in this period of experimentation include the Argentines, Conrado

Nalé Roxlo, Roberto Arlt, and Samual Eichelbaum; the Chileans, Pedro de la Barra, Enrique Bunster, Isidora Aguirre, Luis Alberto Heiremans; the Colombians, Antonio Alvarez Lleras, Oswaldo Díaz Díaz, and Luis Enrique Osorio; the Mexicans, Julio Jiménez Rueda, Francisco Monterde, Alfonso Reyes, Salvador Novo, Xavier Villaurrutia, Celestino Gorostiza, and Rodolfo Usigli.

At this time, there was a corresponding revolution in staging techniques and the realistic drama was discarded as old-fashioned. The theater again recovered much of its character of fiction, fantasy and dreams.

A full flowering of the Latin-American theater has taken place since 1955. It has been a period of thriving, auspicious and continued development, in which talented dramatists in almost every country are producing more and better plays. A number of countries have a completely developed theatrical movement; others produce a few new plays each year. Many Latin-American works have been presented and have won prizes abroad. The best of the foreign theater is being presented in Latin America today.

In the last thirty years, many new theatrical companies have been organized, drama schools have been created and new theaters built, some with government help, some with private capital. In a parallel movement, many young writers have appeared who aspire to create an important theater — sometimes philosophical, sometimes epic, but always ambitious — and they are ready to express, each in his own way, the reality of man in today's world.

Since the Second World War, the younger generation of playwrights has been open to all the literary currents, philosophies and techniques, though the philosophy of anguish seems to govern their destinies. One can see the influence of Miller, Williams, Brecht, Beckett, Ionesco, and others. At the moment, Brecht's theory of epic theater is exercising paramount influence among the young writers. Another important current is the theater of the absurd, which involves the contradictions within the human being and the absurdities of a world in which man sees his own nature at odds with the civilization which he has created. The dramatists have accepted this philosophy in varying ways and in different forms of expression. They feel that they are contemporary with their times, and that they face the same problems as writers in other countries.

Three contemporary playwrights, René Marqués of Puerto Rico, Egon Wolff of Chile, and Emilio Carballido of Mexico, typify the modern Latin American's preoccupation with modern man. A brief resumé of the theater in each of the three countries, and the position of these writers in its development, is included here.

Bibliography

SOURCES FOR FURTHER READING

ARRIVI, FRANCISCO. *La generación del treinta: el teatro*. San Juan: Sociedad de Cultura Puertorriqueña, 1960.

BERENGUER CARISOMO, Arturo. *Teatro argentino contemporáneo*. Madrid: Editorial Aguilar, 1962.

CÁNEPA GUZMÁN, MARIO. *El teatro en Chile*. Santiago de Chile: Editorial Arancibia Hnos., 1966.

CASADEVALL, DOMINGO F. *La evolución de la Argentina vista por el teatro nacional*. Buenos Aires: Ediciones Culturales Argentinas, Ministerio de Educación y Justicia, 1965.

CID PÉREZ, JOSÉ y DOLORES MARTÍ de CID. *Teatro indio precolombino*. Madrid: Editorial Aguilar, 1964.

DAUSTER, FRANK N. *Historia del teatro hispanoamericano*. Mexico: Studium, 1966.

DURÁN CERDA, JULIO. *Panorama del teatro chileno, 1842-1959*. Santiago de Chile: Editorial del Pacífico, 1959.

DURÁN CERDA, JULIO. *Repertorio del teatro chileno*. Santiago de Chile: Instituto de Literatura Chilena, Universidad de Chile, 1962.

ESCUDERO, ALFONSO M. *Apuntes sobre el teatro en Chile*. Santiago de Chile: Editorial Salesiana, 1967.

ESPINA, ANTONIO. *Teatro mexicano contemporáneo*. Madrid: Editorial Aguilar, 1962.

GALLEGOS VALDÉS, LUIS. *El teatro en El Salvador*. San Salvador: Bellas Artes, 1961.

GOROSTIZA, CELESTINO. "Apuntes para una historia del teatro experimental," *México en el Arte*, No. 10-11. Mexico: Instituto Nacional de Bellas Artes, *n.d.* (c1951).

HANKE, LEWIS. *Contemporary Latin America: A Short History*. Princeton, New Jersey: D. Van Nostrand Company, 1968.

HESSE MURGA, JOSÉ. *Teatro peruano contemporáneo.* Madrid: Editorial Aguilar, 1959.

JONES, WILLIS KNAPP. *Behind Spanish American Footlights.* Austin: University of Texas Press, 1966.

LAMB, RUTH S. *Bibliografía del teatro mexicano del siglo XX.* Mexico: Studium, 1962.

Latin American Theatre Review, I, 1, Fall, 1967 to the present. Lawrence: Center of Latin American Studies, University of Kansas.

MAGALDI, SÁBATO. *Panorama do teatro brasileiro.* São Paulo: Difusão Européia do Livro, 1962.

MAGAÑA ESQUIVEL, ANTONIO y RUTH S. LAMB. *Breve historia del teatro mexicano.* México: Studium, 1958.

MONTERDE, FRANCISCO. "Autores de teatro mexicano 1900-1950," *México en el Arte,* No. 10-11. México: Instituto Nacional de Bellas Artes, *n.d.* (c1951).

MORA, GABRIELA. "Notas sobre el teatro chileno actual," *Revista Interamericana de Bibliografía,* XVIII, No. 4 (Oct.-Dec. 1968), 415–421.

NOMLAND, JOHN B. *Teatro mexicano contemporáneo (1900-1950).* México: Instituto Nacional de Bellas Artes, 1967.

ORDAZ, LUIS. *El teatro en el Río de la Plata.* Buenos Aires: Ediciones Leviatán, 1957.

ORTEGA RICUARTE, JOSÉ VICENTE. *Historia crítica del teatro en Bogotá.* Bogotá: Ediciones Colombia, 1927.

PIGA TORRES, DOMINGO. *Dos generaciones del teatro chileno.* Santiago de Chile: Editorial Bolívar, 1963.

RODRÍGUEZ, ORLANDO y DOMINGO PIGA TORRES. *Teatro chileno del siglo XX* Santiago de Chile: Imprenta Lathrop, 1964.

SAEZ, ANTONIA. *El teatro en Puerto Rico.* San Juan: Editorial Universitaria, Universidad de Puerto Rico, 1950.

SCOSERIA, CYRO. *Un panorama del teatro uruguayo.* Montevideo: Publicaciones AGADU 1960.

SILVA VALDÉS, FERNÁN. *Teatro uruguayo contemporáneo.* Madrid: Editorial Aguilar, 1960.

SOLÓRZANO, CARLOS. *Teatro guatemalteco contemporáneo.* Madrid: Editorial Aguilar, 1964.

SOLÓRZANO, CARLOS. *El teatro hispanoamericano contemporáneo.* 2 vols. México: Fondo de Cultura Económica, 1964.

SOLÓRZANO, CARLOS. *El teatro latinoamericano en el siglo XX.* México: Editorial Pormaca, 1964.

Teatro chileno actual. Santiago de Chile: Empresa Editorial Zig-Zag, 1966.

Teatro mexicano del siglo XX. 3 vols. México: Fondo de Cultura Económica, 1956.

Teatro puertorriqueño. 7 vols. San Juan: Instituto de Cultura Puertorriqueña, Universidad de Puerto Rico, 1959-1965.

THREE CONTEMPORARY LATIN-AMERICAN PLAYS

The Theater in Puerto Rico

In the decade of the thirties, young Puerto Ricans began to think about the anomalous situation of their island country, which was culturally Spanish, and politically joined to the United States, Anglo-Saxon and English-speaking. This desire to understand themselves has affected all aspects of Puerto Rican life, and in the theater it has led to efforts to reflect the reality of Puerto Rico.

While Emilio Belaval was experimenting with his theories in his little theater group in the *Casino* of Puerto Rico, the *Farándula Universitaria* traveled through the country giving performances. At the same time Ramón Ortiz presented *farsas* and *grotescos* based on regional types in his popular "Diplo" theater.

In 1938, the *Ateneo* of Puerto Rico gave three prizes in the theatrical competition, and in 1940 Belaval started his Areyto group. Between 1938 and 1941, these two groups presented seven plays by Puerto Rican writers. These plays had in common the desire to define Puerto Rican reality from various viewpoints. The works were realistic and often naturalistic. This concept of the theater as a means of social reform or weapon of denunciation was to continue for a long time on the island.

After the disappearance of Areyto in 1942, other groups appeared; *Sociedad General de Autores*, 1942, *Tinglado Puertorriqueño*, 1945, *Comedia Estudiantil Universitaria*, 1947, *Teatro Nuestro*, 1950, *Teatro Experimental del Ateneo*, 1951, and many others. The *Teatro Universitario*, organized in 1941 under the direction of Leopoldo Santiago Lavandero, created a new generation of younger dramatists. Trained at the University of Puerto Rico, they learned how to use the new dramatic techniques and the art of dialogue. Many of them also studied abroad.

Emilio Belaval, also a playwright *(La hacienda de los cuatro vientos, La muerte, La vida, Cielo caído, Circe o el amor)*, urged other writers to use local characters and focus on national themes. A playwriting contest sponsored by the *Ateneo Puertorriqueño* in 1938 gave them more encouragement, and the Areyto group was eager to perform them.

1

One of the first to play an important role in the theatrical revolution in Puerto Rico was Francisco Arriví. He studied playwriting at Columbia University in New York. Besides writing his own plays, he has translated plays for radio and for the University Theater. He organized *El Tinglado Puertorriqueño*, an experimental group that has performed many of his plays.

Arriví's plays can be divided into two general types: those which are characterized by fantasy (and a departure from the problem plays about Puerto Rico which have been so popular) (*Alumbramiento, El Diablo se humaniza, Caso del muerto en vida, Club de solteros, María Soledad*, later retitled *Una sombra menos* when published in 1953); and, the second, a return to the realistic treatment of Puerto Rican problems, and particularly of the question of racial discrimination and its psychological complexities.

His trilogy, *Máscara puertorriqueña* involves his own countrymen: Part I, *Bolero y plena*, takes the themes of its two plays, *El murciélago* and *Medusas en la bahía*, from two folk dances. Part II, *Vejigantes*, develops the theme that by denying his African heritage the Puerto Rican rejects his own happiness. Part III, *Sirena*, emphasizes the theme that one's Negro ancestry cannot be hidden by surgery or makeup. Recently, in *Cóctel de Don Nadie* (1964) he has turned to the grotesque farce. Arriví's works are solidly constructed and employ modern theatrical resources to obtain an extraordinary theatrical effect; lights, music and movement.

Among the enthusiastic new dramatists are Fernando Sierra Berdecía and Luis Rechani Agrait, who presented *Mi señoría* in 1940, and *Todos los ruiseñores cantan*, in 1964, the latter, a humorous play, recalling San Juan thirty years ago. *El desmonte* by Gonzalo Arocho del Toro, written in 1938, is one of the first works of rural naturalism. Julio Marrero Núñez, author of *Borikén*, and *La doncella del flamboyán*, is also known for his directing of the best plays of Méndez Ballester, Marta Lomar, and Luis Rechani Agrait.

Manuel Méndez Ballester is a prolific writer, who began with naturalistic plays of rural agricultural problems in *Tiempo muerto*, and *El clamor de los surcos*, 1940. In *Hilarión*, 1943, he used the Greek tragedy with an American theme; later he returned to the *angustia pueblerina* in *Nuestros días* and to social customs in *Este desamparo*. The height of his naturalistic approach is in *Encrucijada* (1948), in which he analyzes the dissolution of a Puerto Rican family that lives in the Latin section of New York City. In *El milagro* (1958), two travelers discuss transcendental themes, particularly whether man is of divine origin. Méndez Ballester presents his dialogue about doubt and faith in a complex way, resembling the structure of the works of Beckett. Some critics consider his *El milagro* an answer to *Waiting for Godot*. *La feria* (1963) follows his universal trend in which he presents in a satirical form the fable of a man who is swallowed by the machine. The same man finds that he can live very well inside the machine, and in addition, receives extra pay for allowing himself to be seen.

The leading dramatist of Puerto Rico, René Marqués, also critic and short-story writer, continues to influence the younger dramatists who are appearing on the scene with him. They continue to search for the soul of Puerto Rico within *avant garde* techniques. One of the most interesting is Luis Rafael Sánchez, strongly influenced by Marqués, but in the process of developing his own dramatic personality. He has shown his ability in *Los ángeles se han fatigado* (1960) and other works. In the five plays of Juan Bautista Pagán's published *Teatro* (1957), one piece entitled *Ángel*, deals with modern Puerto Rico.

The presence, for the first time in San Juan, of a professional company looking for plays by Puerto Rican dramatists is an added stimulus. Another is the presentation of drama festivals, which have inspired even more activity in the lively theater world of Puerto Rico.

René Marqués

A theater, to be national, must reflect its country's conditions and problems, hence René Marqués' preoccupation with Puerto Rico for the last three turbulent decades. Once the poverty spot of the Caribbean, Puerto Rico was undergoing an economic revolution called Operation Bootstrap. Through the efforts of Governor Muñóz Marín and others, money and manufacturers poured into the island. The flight of many Puerto Ricans to New York slackened and some of them began to return. The economic, cultural and educational level of Puerto Rico rose remarkably. The theater showed an increasing tempo and vitality, due in great part to the efforts of dramatists such as Méndez Ballester, Belaval, Arriví, and Marqués.

In his first plays, *El sol y los MacDonald* (1947) and *El hombre y sus sueños* (1948), René Marqués demonstrates his acquaintance with Faulkner and Unamuno. But Marqués, who is a nationalist in art and politics, soon turned to his country's problems. Believing that the protective attitude of the United States towards Puerto Rico was detrimental to his commonwealth and its people, he wrote *Palm Sunday* (1949) which deals with the 1937 massacre of a group of nationalists in Ponce. It was first performed at the Tapia Theater in 1956, amid a storm of newspaper controversy. The same attitude is also expressed in *La muerte no entrará en palacio*, in which the chief protagonist is a man who has been given a mandate by the people of his country, but who at the same time receives the protection of "a powerful country in the north." Here political satire is disguised in the form of tragedy. When Don José turns his power against his people, his own daughter kills the despot, and then commits suicide.

In *La carreta*, Marqués dramatizes the tragedy of the old *jíbaro* Chago, who has been forced from the land he loves. The play also shows the inability of Chago's family to adjust to the urban environment of San Juan, and the Latin quarter of New York. In the handling of the trials and tribulations of the family it becomes clear that Sartre and Camus have also influenced the work of this dramatist. This play was first performed in New York in May, 1950, then in December, by the *Teatro*

4

Experimental del Ateneo founded by Marqués, and finally in the Teatro Tapia in January, 1951.

Marqués also experimented with pantomime, in what he called "a Puerto Rican pantomime for an Occidental ballet" in his *Juan Bobo y la dama del occidente* (1956). Here, the traditional folklore character, modified by certain other positive characteristics of a Puerto Rican, comes to the conclusion that he prefers his island sweetheart to the western charmer.

In 1958, the Cultural Institute organized the First Puerto Rican Drama Festival. This was to encourage the younger dramatists and to honor the four writers — Méndez Ballester, Belaval, Arriví, and Marqués — who had devoted their energy to the theater for twenty years. For this festival, Marqués wrote *Los soles truncos,* which presents the cultural conflict found in the background of most of his plays. Here, it is represented by three impoverished sisters who choose to ignore the real world, the outside world, and continue to live in their family mansion on one of the old streets of San Juan. Employing different levels of time and reality, Marqués produces an outstanding play.

Un niño para esa sombra, written for the 1959 Festival, won the Ateneo prize for the best unproduced play of 1958. The author follows the same technical line and theme with the child Michelín, as he did with the three sisters in *Los soles truncos*. The excellent structure and the use of imaginative stage settings place these two plays among the best of modern Latin-American theater.

La casa sin reloj, comedia antipoética en dos absurdos y un final razonable, won the theater prize given by the *Ateneo Puertorriqueño* in 1960, and was subsequently staged by the same group. This play is within the sphere of the theater of the absurd, but it also has an apparent realistic tone. Here again the writer is preoccupied with the intangible reality of Puerto Rico, and his characters suffer from a radical feeling of guilt, and are obsessed by the need of self-sacrifice, as if only through this act of suffering can they really live.

The author of *Carnaval adentro, carnaval afuera* (1963) and *El apartamiento* (1964) continues to document for us the drama of "death in life," which for him is the most terrible of illusions. In *El apartamiento*, the characters Carola and Elpidio move in a modern, mechanized world, but in a constricted, painful atmosphere of apparent reality which leads to nothingness. This is aggravated by a lack of communication, by boredom, by the fear of living profoundly. Marqués attempts to make man come to terms with the world in which he lives, to face up to the human condition as it really is, and to free him from illusions that are bound to cause constant maladjustment and disappointment. For him, the dignity of man lies in his ability to face reality in all its senselessness, and to accept it freely, without fear or illusions.

PERSONAJES

(En orden de aparición)

Carola.
Elpidio.
Lucío.
Terra.
Landrilo.
Cuprila.
Tlo, Indio de Iberoamérica.

LUGAR

Un rincón cualquiera de las Américas.

EPOCA

Presente o futura

Intermedio de 10 minutos

—

El Apartamiento RENÉ MARQUÉS

encerrona en dos actos

ACTO I

*Antes de descorrerse[1] el telón y con teatro a oscuras, se oye corta
obertura musical. Consiste esta música de una alternada y dramática lucha
entre música atonal y estridente moderna y música dulce de flauta o
caramillo de la región de los Andes.*

Con esta última música terminará la obertura y será tema musical indio,   5
*de fondo para varias escenas de la obra. Pero antes de concluir la música
india, baja ésta de tono y sobre ella se oye, por altoparlantes, una voz
pausada, grave y modulada de hombre que recita:*

> *Y les separaron del universo*
> *y les robaron su humanidad*   10
> *y les condenaron a vivir en el*
> *más total apartamiento.*

*Al concluir la voz, se oye una nota prolongada de flauta o caramillo
indio que se desvanece totalmente según se va alzando el telón.*

Al descorrerse el telón, aparece sala semicircular de un apartamiento[2]   15
*extremadamente moderno, frío, impersonal, deprimente en su monótona
nitidez y eficiencia. Los materiales utilizados son plásticos o sintéticos,
tanto en la construcción como en el mobiliario. Los diseños de los muebles*

---

[1] *Antes de descorrerse* Before drawing.   [2] *un apartamiento* This is a Puerto Rican regionalism
for *apartment*. The title has two meanings: a physical dwelling place, room or suite of rooms;
and the sense of an isolated or separate existence.

—algunos de cristal artificial— son casi alucinantes en su escueta funcional-
idad. Las paredes de color neutro (gris, preferible), lisas, se pierden en lo
alto, dando sensación de enclaustramiento. No hay ventanas, cuadros,
lámparas, cortinas ni adornos de clase alguna.

Al fondo, centro, puerta cuya hoja única se abre hacia arriba, en forma　　5
de trampa, por medio de un botón en el marco izquierdo de la misma. (Al
abrirse esta puerta se ve un pasillo desolado y profundo que se pierde en el
infinito en una semioscuridad azulosa.) Hacia la izquierda, al fondo,
adosada a la pared cóncava, escalera semiespiral, sin balaustrada, que
conduce al piso superior. A la izquierda, primer término, puerta cerrada　　10
que conduce a habitación. En el centro de la pared de la derecha, puerta
sin hojas que conduce a la cocina. Una rampa o plataforma va desde la
puerta de la cocina al primer escalón de la escalera al fondo.

En segundo término, un poco hacia la derecha del centro mismo de la
escena, mesa pequeña con silla al fondo. En segundo término también, un　　15
poco hacia la izquierda del centro mismo de la escena, mesa y silla
idénticas a las anteriores. Ambas sobre pequeñas plataformas. Un sofá
pequeño, una butaca y dos taburetes completan el escaso mobiliario.

La acción se desarrolla presumiblemente por la tarde, aunque no es
posible saberlo, porque, no habiendo ventanas, toda la luz del aparta-　　20
miento es artificial proviniendo de fuentes que no son visibles para el
espectador.

Izquierda y derecha del actor.

CAROLA está sentada ante la pequeña mesa de la derecha, de frente al
público midiendo, sobre un metro que descansa sobre la mesa, cantidad　　25
interminable de cinta azul intenso que va extrayendo de una caja de
material plástico en el suelo a su izquierda y que, una vez medida, va
dejando deslizar en una caja idéntica, en el suelo, a su derecha. Carola tiene
alrededor de cincuenta y ocho años y su rostro y sus manos están
maquillados de un blanco mortuorio.[3] De vez en cuando, sin interrumpir　　30
su tarea, mira con aprensión hacia la puerta abierta del fondo. De pronto,
se levanta sobresaltada, mira hacia el fondo, se acerca cautelosamente a la
puerta abierta, escucha con atención, se vuelve, regresa con gesto indeciso
y se sienta. Reanuda, al fin, su labor.

CAROLA *(Midiendo, en voz baja.)*　Ciento cuarentitrés, ciento cuarentidós,　　35
ciento cuarentiuno, ciento cuarenta . . .

> *Su voz se pierde en un murmullo apenas audible.*
> *Breve intervalo. Por la infinitud azulosa del pasillo*
> *al cual se abre la puerta vemos a ELPIDIO que se*

---

[3] *están maquillados de un blanco mortuorio* are made up with a deathlike whiteness.

*acerca. Tiene sesenta años y su rostro y sus manos
están maquillados de un blanco mortuorio. CAROLA
se vuelve, ve a ELPIDIO y, nerviosamente, sin interrumpir su labor, cuenta en voz alta.*

CAROLA   Ciento veintiséis, ciento veinticinco, ciento veinticuatro . . .   *5*

*Elpidio, sin mirarla, cierra la puerta, la cual
produce un sonido alucinante, el cual se repetirá
siempre al abrirse o cerrarse dicha puerta.*

CAROLA *(Bajando la voz, mientras observa los movimientos de
Elpidio.)* Ciento veintidós, ciento veintiuno, ciento veinte, ciento dieci-   *10*
nueve . . .

*Su voz se pierde en un murmullo apenas audible.
Elpidio reanuda la tarea de armar un rompecabezas[4] que había dejado empezado. El diálogo se
desarrollará de modo aparentemente casual, cada   15
personaje sin interrumpir su tarea, pero hay en las
palabras cierta subterránea, innombrada angustia.*

CAROLA *(Midiendo.)* ¿Bajaste?

ELPIDIO *(Sin interrumpir su tarea.)* Sí. Tres veces.

CAROLA   ¿Y . . . ?   *20*

ELPIDIO   Bajé y subí tres veces.

CAROLA   ¿Y . . . la puerta?

ELPIDIO   No hay puerta.

CAROLA   ¿Buscaste bien?

ELPIDIO   No hay puerta.   *25*

CAROLA   ¿Estás seguro?

ELPIDIO   No hay puerta.

CAROLA   La hay arriba.

ELPIDIO   No la hay abajo.

CAROLA   La próxima vez iré yo.   *30*

ELPIDIO   ¿De veras?

CAROLA   Ya he ido.

ELPIDIO   Lo sé.

---

[4] *armar un rompecabezas* to put a puzzle together.

CAROLA   Por años hemos ido.

ELPIDIO   Por años.

CAROLA   Y no hay puerta.

ELPIDIO   No.

CAROLA   El ascensor nunca falla.   5

ELPIDIO   Nunca.

CAROLA   Sales al pasillo, abres la puerta, aprietas el botón y bajas.

ELPIDIO   Así es.

CAROLA   Y luego . . . abajo . . .

ELPIDIO   No hay puerta.   10

CAROLA   No hay puerta. *(Interrumpe su labor.)* ¿Podremos acostum-
brarnos?

ELPIDIO   No sé.

CAROLA   *(Se levanta.)*   ¿Quieres algo?

ELPIDIO   No.   15

CAROLA   *(Sentándose.)*   ¿Qué número dije?

ELPIDIO   No recuerdo.

CAROLA   *(Midiendo.)*   ¿Ciento dieciséis?   *(Mira a Elpidio, angustiada.)*
¿Ciento dieciséis? *(Elpidio no contesta. Ella mide, dudando.)* Ciento
dieciséis, ciento quince, ciento catorce . . . *(Su voz se diluye en un*   20
murmullo apenas audible. Después de un corto intervalo, sin interrumpir
su labor.) ¿Sabes? No terminaré nunca.

ELPIDIO   Tampoco yo.

CAROLA   Pero tú no mides.

ELPIDIO   No, yo armo el rompecabezas.   25

CAROLA   ¿Para qué?

ELPIDIO   ¿Para qué . . . ?

CAROLA   ¿Para qué nos habrán asignado estas tareas?

ELPIDIO   Para mantenernos ocupados, supongo.

CAROLA   ¿Y por qué mantenernos ocupados?   30

ELPIDIO   Porque no hay nada que hacer.

CAROLA   Y porque nos lo han asignado.

ELPIDIO   Eso es.

CAROLA   Quisiera cambiar.

ELPIDIO   ¿Cambiar?

CAROLA   Sí.

ELPIDIO   ¿Sugieres algo?

CAROLA   Mide tú. Y yo armo el rompecabezas.

ELPIDIO   Imposible. Yo no sé medir y tú no sabes armar el rompecabezas.   *5*

CAROLA   No importa.

ELPIDIO   Sí, importa. Cada cual ha de atenerse a su especialización.

CAROLA   *(Interrumpiendo su labor.)*   ¿Quieres algo?

ELPIDIO   Ahora no.

CAROLA   *(Levantándose.)*   Tomaré café.   *10*

ELPIDIO   *(Siempre absorto en su tarea.)*   Hazlo. Mientras lo cuelas, cambias
de tarea.

CAROLA   No puedo colarlo. Viene ya colado.

ELPIDIO   Cierto. Puedes calentarlo al menos.

CAROLA   Viene en la botella termo. Siempre está caliente.   *15*

ELPIDIO   Es verdad. Puedes servirlo . . .

CAROLA   *(Iluminada.)*   ¡Puedo servirlo! ¡Claro! *(Va presurosa y alegre a
la puerta de la derecha.)* Puedo al menos servirlo. De la botella a la taza. De
la botella a la taza. De la botella a la taza.

Sale. Se oye su voz murmurando la frase monótona-   *20*
mente.

*Breve intervalo durante el cual Elpidio sigue
tratando de armar el rompecabezas. Suena un timbre
en la puerta del fondo. Cesa abruptamente el murmullo de Carola. Elpidio se inmoviliza. Vuelve a sonar el*   *25*
*timbre. Elpidio alza la cabeza lentamente. En su
rostro empieza a reflejarse un asombro que va poco a
poco transformándose en terror. Carola aparece en la
puerta de la cocina, taza y platillo en mano. Mira a la
puerta del fondo con expresión similar a la de*   *30*
*Elpidio. Suena brevemente el timbre. Elpidio se
levanta, volviéndose lentamente al fondo.*

CAROLA   ¿Oyes?

ELPIDIO   Sí.

CAROLA   Pero . . . ¿Pero es cierto?   *35*

ELPIDIO   Sí, es cierto.

CAROLA   ¿Qué hacemos?

ELPIDIO   Nada.

CAROLA   ¿Qué haremos?

ELPIDIO   Abrir.

CAROLA   *(Aterrada.)*   ¿Abrir?   5

ELPIDIO   O no abrir.

CAROLA   ¿No abrir?

> *Suena el timbre. Carola cruza vacilante hacia*
> *Elpidio, dando un pequeño rodeo para pasar lo más*
> *lejos posible de la puerta del fondo.*   10

ELPIDIO   Si esperamos, no tocarán más.

CAROLA   ¿Cómo lo sabes?

ELPIDIO   No lo sé.

CAROLA   Tampoco no sabía que hubiese un timbre.

ELPIDIO   Nadie puede saber en verdad que lo hay.   15

CAROLA   Pero suena.

ELPIDIO   No está sonando.

CAROLA   Sonó.

ELPIDIO   No sonará.

CAROLA   ¿Cómo lo sabes?   20

ELPIDIO   No lo sé.

CAROLA   Abre.

ELPIDIO   ¿Abro?

CAROLA   Sin duda. Es lógico.

ELPIDIO   ¿Hay algo lógico? *(Ante un gesto de Carola.)* Está bien.   25

> *Va a la puerta y abre. En el pasillo, sobre el piso,*
> *hay un paquete meticulosamente envuelto.*

CAROLA   No hay nadie.

ELPIDIO   Hay eso.

> *Va a cerrar.*   30

CAROLA   No cierres. *(Deja la taza sobre la mesa de Elpidio y va hacia la*
   puerta abierta.) ¿Qué es?

ELPIDIO   No lo sé.

CAROLA   ¿Es un paquete?

ELPIDIO   Parece.

CAROLA   ¿Es nuestro?

ELPIDIO   ¿Qué importa?

CAROLA   ¿Hay algo escrito?

ELPIDIO   Quizás.   *5*

CAROLA   ¿Por qué no miras?

ELPIDIO   ¿Mirar?

CAROLA   Mira.

Elpidio mira.

CAROLA   ¿Qué dice?   *10*

ELPIDIO   Nuestros nombres.

CAROLA   ¡Elpidio! ¡Sabremos al fin donde vivimos! Mira la dirección.

ELPIDIO   No hay dirección.

CAROLA   *(Decepcionada, volviéndose y avanzando unos pasos.)*   No lo
sabremos, entonces.   *15*

ELPIDIO   No.

Va a cerrar.

CAROLA   *(Volviéndose a medias.)*[5] Espera. Alguien tiene que haberlo traído.
Entonces . . .

ELPIDIO   ¿Entonces?   *20*

CAROLA   En el pasillo no hay más que dos puertas, ésta y la del ascensor.

ELPIDIO   Sólo dos puertas, ésta y la del ascensor.

CAROLA   De modo que abajo . . .

ELPIDIO   ¿Abajo?

CAROLA   ¡Hay otra puerta!   *25*

ELPIDIO   No hay puerta abajo.

CAROLA   Si alguien ha entrado, el ascensor abajo tiene otra puerta.

ELPIDIO   El ascensor abajo no tiene puerta.

CAROLA   ¿No ves que es lógico?

ELPIDIO   ¿Qué es lógico?   *30*

CAROLA   Que hay otra puerta.

---

[5] *volviéndose a medias* half turning.

ELPIDIO   ¿Cuál es la lógica de que haya otra puerta?

CAROLA   Para llegar hasta aquí, es necesaria otra puerta.

ELPIDIO   Nosotros estamos aquí y no hay otra puerta.

CAROLA   ¿Y eso?

ELPIDIO   Es un paquete, obviamente.   5

CAROLA   ¿Vino solo?

ELPIDIO   No sé, ni me importa.

CAROLA   Alguien lo trajo.

ELPIDIO   ¿Cómo lo sabes?

CAROLA   No lo sé.   10

ELPIDIO   Tampoco yo.

Va a cerrar.

CAROLA   *(Deteniéndole con un gesto.)*   Dijiste que tiene nuestros nombres.

ELPIDIO   Los tiene.

CAROLA   Es nuestro, entonces.   15

ELPIDIO   ¿Cómo lo sabes?

CAROLA   No lo sé.

ELPIDIO   ¿Lo compraste tú?

CAROLA   No.

ELPIDIO   ¿Lo pediste tú?   20

CAROLA   No. *(Iluminada.)*   ¡Puede ser un regalo!

ELPIDIO   No hay regalos.

CAROLA   Puede enviarlo alguien.

ELPIDIO   ¿Tienes alguien que te envíe paquetes?

CAROLA   No.   25

ELPIDIO   ¿Es tuyo entonces?

CAROLA   Sí. Tiene nuestros nombres. *(Pausa breve.)* ¿Por qué no lo entras? [6]

ELPIDIO   No me interesa.

CAROLA   ¿Por qué no?   30

ELPIDIO   Puede ser una bomba.

---

[6] *¿Por qué no lo entras?* Why don't you bring it in?

CAROLA   ¿Quién iba a enviar una bomba aquí?

ELPIDIO   Ellos.

CAROLA   Les sería más fácil dejarnos morir de hambre.

ELPIDIO   No es posible saber lo que ellos consideran fácil.

CAROLA   ¿Lo entras?   *5*

ELPIDIO   *(Encogiéndose de hombros.)* [7] Entralo tú si quieres.

> *Va a la mesa, se sienta y reanuda la labor de armar*
> *el rompecabezas.*
> *Carola se detiene junto al paquete, mira a Elpidio,*
> *toma el paquete y regresa rápidamente con él.*   *10*

ELPIDIO   *(Sin mirarla.)*   Cierra la puerta.

CAROLA   *(Se vuelve, va al fondo y cierra la puerta. Regresa y deja el paquete sobre su mesa. Lo mira y sonríe.)*   ¿Lo abro?

ELPIDIO   *(Sin mirarla.)*   Me es igual.

CAROLA   *(Se dispone a abrirlo, pero se detiene.)*   Hay algo extraño.   *15*

ELPIDIO   ¿Qué hay extraño?

CAROLA   Es un paquete pequeño.

ELPIDIO   Relativamente pequeño.

CAROLA   Relativamente.

ELPIDIO   Pero suficiente para volar el apartamiento.   *20*

CAROLA   ¿Volarlo?

ELPIDIO   El edificio todo quizás.

CAROLA   ¿Crees que es un edificio?

ELPIDIO   Hay ascensor.

CAROLA   ¿En qué piso vivimos, entonces?   *25*

ELPIDIO   No lo sé.

CAROLA   Podrías calcularlo.

ELPIDIO   Imposible. No hay ventanas.

CAROLA   El ascensor . . .

ELPIDIO   No marca pisos.   *30*

CAROLA   Pero un cálculo.

---

[7] *Encogiéndose de hombros* shrugging his shoulders.

ELPIDIO   No sería posible sin conocer la velocidad.

CAROLA   ¿Qué velocidad?

ELPIDIO   La del ascensor, desdeluego. ¿La conoces?

CAROLA   No.

ELPIDIO   *(Siempre absorto en el rompecabezas.)*   Si fuese poca, diría que es   *5*
un quinto o sexto piso. Si fuese regular, el piso doce o el trece. Si fuese
mucha, el veinticinco o el treinta.

CAROLA   ¿Y cuál es?

ELPIDIO   No lo sabremos jamás. La incógnita . . .

CAROLA   ¿La incógnita?   *10*

ELPIDIO   Será siempre la velocidad.

CAROLA   ¿Por qué?

ELPIDIO   Entras en el ascensor, aprietas el botón que dice «baja» y no
sientes nada. No sabes en verdad si sube o baja aquella caja hermética. Ni
siquiera sabes si se está moviendo. ¿Cómo puedes calcular así la   *15*
velocidad?

CAROLA   Siempre fuiste un hombre de recursos, Elpidio.

ELPIDIO   Siempre fuiste una mujer lógica, Carola.

CAROLA   ¿Qué somos ahora?

ELPIDIO   Dos especialistas.   *20*

CAROLA   Yo mido la cinta.

ELPIDIO   Yo armo el rompecabezas.

CAROLA   Es extraño, sin embargo.

ELPIDIO   ¿Qué es extraño?

CAROLA   Que siendo tan pequeño el paquete no lo enviaran por el   *25*
aparato de la cocina.

ELPIDIO   ¿Qué aparato?

CAROLA   El ascensor diminuto por donde nos envían las comidas.

ELPIDIO   Es sólo para las comidas.

CAROLA   O el otro, el que se lleva la ropa sucia.   *30*

ELPIDIO   Es sólo para llevarse la ropa sucia.

CAROLA   Siendo pequeño, digo.

ELPIDIO   Relativamente pequeño.

CAROLA   Relativamente. Por eso insisto en que alguien tiene que haberlo
traído.   *35*

ELPIDIO   No necesariamente. ¿Vas a abrirlo?

CAROLA   Voy a abrirlo.

ELPIDIO   Allá tú.[8]

CAROLA   *(Lo abre.)*   Debajo del papel, hay una caja.

ELPIDIO   *(Sin mirar.)*   Abre la caja, pues.   *5*

CAROLA   Eso es.

La abre.

ELPIDIO   ¿Qué hay en la caja?

CAROLA   Hay . . .

ELPIDIO   *(Siempre sin mirar.)*   La bomba.   *10*

CAROLA   Una plancha.

ELPIDIO   ¿Así que no hay nada?

CAROLA   Una plancha eléctrica.

La saca.

ELPIDIO   *(Alzando la cabeza.)*   ¿Una plancha eléctrica?   *15*

CAROLA   *(Entusiasmada.)*   ¡Estupenda!   Mira. *(Va a él y se la muestra.)*
Con todos los aditamentos, con todas las conveniencias . . .

ELPIDIO   ¿Y por qué una plancha eléctrica?

CAROLA   Debe ser un último modelo.

ELPIDIO   *(Mirándola por vez primera.)*   ¿De qué te sirve una plancha   *20*
eléctrica?

CAROLA   *(Desconcertada.)*   ¿De qué me sir . . . ?   *(Se vuelve.)* Es cierto.
No me sirve de nada. *(Se aleja de él, amarga.)* La ropa limpia siempre
nos la mandan planchada.

ELPIDIO   *(Volviendo al rompecabezas.)*   Devuélvela.   *25*

CAROLA   Imposible. ¿A quién?

ELPIDIO   A nadie. Déjala donde la encontraste.

CAROLA   Sí. La dejo donde la encontré. La dejo donde la encontré.
*(Coloca la plancha en la caja, rehace rápidamente el paquete, va al fondo
y abre la puerta.)* ¿Vendrá alguien por ella?   *30*

ELPIDIO   ¿Y a ti qué te importa?

CAROLA   ¿Entonces?

---

[8] *Allá tú* It's up to you.

ELPIDIO   Se irá como vino. *(Carola deja el paquete donde lo encontró. Regresa.)* Cierra la puerta.

> *Ella se vuelve al fondo y cierra la puerta. Luego va a sentarse a su mesa y se pone a medir la cinta.*

CAROLA   Ciento diez, ciento nueve, ciento ocho, ciento siete . . .   5

> *Su voz se diluye en un murmullo apenas audible. Breve intervalo. La mano de Elpidio tropieza con la taza.*

ELPIDIO   Dejaste la taza aquí.

CAROLA   *(Interrumpiéndose.)*   ¿La taza? Ah, sí.   10

ELPIDIO   No te molestes. *(Toma la taza y el platillo.)* La echaré yo en el incinerador.

> *Va hacia la cocina y sale.*

CAROLA   Gracias. *(Mide.)* Ciento tres, ciento dos, ciento uno, cien . . . *(Se interrumpe.)* Es lástima.   15

> *Entra Elpidio.*

ELPIDIO   ¿Qué es lástima?

CAROLA   Echar los utensilios en el incinerador.

ELPIDIO   ¿Acaso no los renuevan todos los días? Para eso son desechables.   20

CAROLA   Nada debe durar.

ELPIDIO   Nada.

CAROLA   Es conveniente, supongo. *(Mira a Elpidio casi con temor.)* ¿Lo es?

ELPIDIO   No sé.   25

CAROLA   ¿No?

ELPIDIO   No me importa.

CAROLA   Antes no era así.

ELPIDIO   *(Terriblemente iracundo por vez primera.)*   ¡Cállate!

CAROLA   *(Al borde del llanto.)*   ¿Qué dije?   30

ELPIDIO   *(Conteniéndose.)*   Dijiste ‹antes›.

CAROLA   *(Aterrada.)*   ¿Y qué quiere decir ‹antes›?

ELPIDIO   *(Se sienta a su mesa ya tranquilo.)*   No sé. Pero es una palabra fea.

> *Reanuda la tarea de armar el rompecabezas.*   35

CAROLA ¿Fea? Sí, fea. Perdona. *(Suspira y se pone a medir.)* ¿Cuál era el número?

ELPIDIO No sé.

CAROLA ¿Noventisiete? Noventiseis, noventicinco . . .

Su voz se pierde en un murmullo. 5

ELPIDIO *(Refiriéndose al rompecabezas.)* ¡Es imposible!

CAROLA ¿Qué es imposible?

ELPIDIO No puede completarse el brazo. Primero era la cabeza. Siempre queda algo incompleto.

CAROLA Empezarás de nuevo. 10

ELPIDIO *(Deshaciendo bruscamente el rompecabezas, varias de cuyas piezas caen al piso.)* Empezaré de nuevo.

CAROLA *(Midiendo.)* Noventa, ochentinueve, ochentiocho, ochentisiete . . .

Suena el timbre. Ambos se inmovilizan. Vuelve a 15
sonar el timbre. Se miran. Carola se levanta lenta-
mente. Elpidio, que ha estado recogiendo las piezas
del rompecabezas en el piso, también se levanta
lentamente.

CAROLA ¿Oyes? 20

ELPIDIO Sí.

CAROLA Es el timbre.

ELPIDIO *(Levantándose.)* Era el timbre.

CAROLA ¿Qué será esta vez?

ELPIDIO Habrán venido a buscar el paquete. 25

CAROLA ¿Y por qué tocan?

ELPIDIO No lo sé.

Suena el timbre.

CAROLA ¿Qué haremos?

ELPIDIO Nada. 30

CAROLA ¿No abrimos?

ELPIDIO No.

Suena el timbre.

CAROLA Seguirán tocando.

ELPIDIO   Se cansarán.

Suena el timbre.

CAROLA   No se cansan.

ELPIDIO   ¿Qué quieres hacer?

CAROLA   Abrir.   5

ELPIDIO   *(Encogiéndose de hombros.)*   Abre, entonces.

CAROLA   Sí, es preciso saber. Saber.

> *Carola abre, y en el pasillo aparece el paquete*
> *anterior en el lugar donde lo dejó. Junto a éste*
> *hay dos paquetes mucho más voluminosos*   10
> *y una flamante máquina de fregar platos ceñida*
> *por[9] una ancha cinta roja que culmina en una*
> *moña espectacular. Los objetos allí*
> *depositados prácticamente obstruyen la*
> *entrada al apartamiento.*   15

CAROLA   ¿Ves lo que yo veo?

ELPIDIO   *(De espaldas.)*[10]   No sé lo que ves tú.

CAROLA   Dejaron el paquete.

ELPIDIO   *(Volviéndose al fondo.)*   Y añadieron otros.

CAROLA   ¿Qué haremos?   20

ELPIDIO   No sé.

CAROLA   No podemos dejarlos ahí.

ELPIDIO   ¿Por qué no?

CAROLA   Porque hay que saber qué contienen.

ELPIDIO   ¿Para qué?   25

CAROLA   Esta es una máquina.

ELPIDIO   Lo parece.

CAROLA   *(Entusiasta.)*   De fregar platos.

ELPIDIO   ¿Para qué sirve?

CAROLA   Para fregar platos.   30

ELPIDIO   ¿Qué platos?

---

[9] *ceñida por* tied with.   [10] *De espaldas* With his back turned.

CAROLA   Platos.

ELPIDIO   ¿Los que echamos en el incinerador?

CAROLA   *(Decepcionada.)*   Es cierto. ¿Y esto?

Toma uno de los nuevos paquetes.

ELPIDIO   No sé.   5

CAROLA   Podías tratar de averiguarlo.

ELPIDIO   ¿Es para nosotros?

CAROLA   *(Examinando el marbete.)*   Sí.

ELPIDIO   ¿Cómo lo sabes?

CAROLA   Tiene nuestros nombres.   10

ELPIDIO   Déjalo donde estaba.

CAROLA   No. *(Cierra la puerta del fondo y trae el paquete a su mesa.)* Es un paquete grande.

ELPIDIO   Relativamente.

CAROLA   Más grande que el primero.   15

ELPIDIO   Relativamente.

CAROLA   Aunque más pequeño que la máquina.

ELPIDIO   Relativamente.

CAROLA   Lo abro.

ELPIDIO   ¿Para qué?   20

CAROLA   Para saber, Elpidio. ¿Lo abro?

ELPIDIO   *(Encogiéndose de hombros y dirigiéndose a su mesa.)* Si quieres.

CAROLA   *(Abriéndolo.)*   ¿Por qué no?

ELPIDIO   *(Sentándose.)*   Nada bueno traerá esto. Nada bueno.   25

Se pone a armar el rompecabezas.

CAROLA   *(Abriendo la caja.)*   ¿Qué podrá ser?

ELPIDIO   *(Sin mirarla.)*   No debería importarte.

CAROLA   *(Sacando una cacerola de acero inoxidable[11] con fondo de cobre.)* ¡Un juego de utensilios de cocina! ¡Mira esta cacerola!   30 ¡Nunca la tuve así!

---

[11] *cacerola de acero inoxidable* stainless steel pan.

ELPIDIO   *(Sin mirarla.)*   ¿Y para qué la quieres?

CAROLA   Acero inoxidable. Fondo de cobre. ¡Oh, Elpidio, es un sueño!

ELPIDIO   *(Sin mirarla.)*   ¿Para qué la quieres?

CAROLA   Siempre deseé un juego así. Mira aquí está la olla. ¡Y el baño de María! [12]   5

ELPIDIO   ¿Para qué los quieres?

CAROLA   ¿Qué dices, Elpidio?

ELPIDIO   *(Repitiendo monótonamente, siempre absorto en el rompeca-bezas.)*   ¿Para qué los quieres?

CAROLA   Para cocinar, claro. Todo se hace fácil.   10

ELPIDIO   ¿Qué vas a cocinar?

CAROLA   Pues . . . *(Desconcertada, casi atemorizada de pronto.)*   ¡Es cierto!

ELPIDIO   Ellos nos envían la comida cocida.

CAROLA   *(Aterrada, soltando los utensilios que tiene en las manos.)*   ¡Es   15
cierto!

ELPIDIO   *(Sin mirarla.)*   ¡Eres imbécil!

CAROLA   Es cierto.

ELPIDIO   *(Súbitamente furioso, dando un manotazo sobre la mesa.)*   ¿No entiendes?   20

CAROLA   No entiendo.

ELPIDIO   *(Levantándose violento y yendo hacia ella.)*   Hay sólo dos posibilidades. O quieren ahogarnos[13] con cosas perfectamente inútiles; y lo lograrán si sigues abriendo sus envíos.[14] O están provocándonos para que añoremos . . . Para que nos rebelemos. Si lo logran, estamos   25 perdidos. *(La abofetea brutalmente.)*   ¿Comprendes, imbécil? ¡Perdidos!

CAROLA   *(Llorosa.)*   Sí, Elpidio, comprendo. Aunque en verdad, no comprendo nada.

ELPIDIO   *(Volviendo a su mesa, amable, casi tierno ahora.)*   Quiero tu bien,[15] como el mío. Devuelve eso, querida, devuélvelo todo.   30

CAROLA   *(Rehaciendo el paquete.)*   Está bien, Elpidio. Tú sabes . . .

ELPIDIO   *(Sentándose y volviendo a darle atención al rompecabezas.)*   No sé nada.

---

[12] *baño de María* double boiler.   [13] *ahogarnos* smother us.   [14] *sus envíos* what they send.   [15] *tu bien* your well-being.

CAROLA Tú sabes por qué nos provocan.

ELPIDIO Quieren perdernos.[16]

CAROLA ¿Nos matarían?

ELPIDIO (Sin mirarla.) No sé. Pero nos perderían.

CAROLA ¿Estaríamos nosotros perdidos?   5

ELPIDIO Sí.

CAROLA ¿No lo estamos ahora?

ELPIDIO *(Enérgico, pero sin mirarla.)* ¡Cállate!

CAROLA Ya está el paquete.

ELPIDIO Haz lo que debes.   10

CAROLA *(Yendo con el paquete a la puerta abierta del fondo.)* Está bien, Elpidio.

ELPIDIO Eres razonable.

CAROLA No soy feliz.

Coloca el paquete donde estaba antes.   15

ELPIDIO *(Absorto en su tarea.)* La razón nada tiene que ver con la felicidad.

CAROLA ¿Cierro?

ELPIDIO Naturalmente.

CAROLA *(Cerrando la puerta, regresa a su mesa y se dispone a medir la*   20
cinta.) He perdido la cuenta, Elpidio.

ELPIDIO Recóbrala otra vez.

CAROLA ¿Qué número?

ELPIDIO Cualquier número. Es igual.

CAROLA *(Midiendo.)* ¿Ochentinueve? Ochentinueve, ochentiocho,   25
ochentisiete . . . *(Su voz se pierde en un murmullo apenas audible. De pronto, Carola se interrumpe.)* ¿Habrá más?

ELPIDIO *(Sin distraer su atención del rompecabezas.)* ¿Más qué?

CAROLA Más gente.

ELPIDIO ¿Más gente dónde?   30

CAROLA Más gente en el mundo. ¡Sería horrible!

ELPIDIO ¿Qué sería horrible?

---

[16] *Quieren perdernos* They want to cause our downfall.

CAROLA   Que fuésemos los únicos.

ELPIDIO   ¿Crees que ellos sólo se molestarían por nosotros?

CAROLA   No sé.

ELPIDIO   ¿No sabes?

CAROLA   No.   5

ELPIDIO   Empiezas a hacer uso de tu sabiduría.

CAROLA   Si existieran otros con necesidades . . .

ELPIDIO   ¿Qué necesidades?

CAROLA   Las que nosotros no tenemos.

ELPIDIO   Podrían usar las cosas inútiles que nos envían.   10

CAROLA   ¡Eso mismo quería decir yo!

ELPIDIO   Lo dije yo.

CAROLA   Es igual.

ELPIDIO   Eres amable.

CAROLA   Si fabrican esas cosas es porque aún hay gente que las necesita.   15

ELPIDIO   No estoy seguro.

CAROLA   ¿Para qué las fabricarían, entonces?

ELPIDIO   Para tentarnos.

CAROLA   ¿Y si en verdad existiese gente?

ELPIDIO   Existiría.   20

CAROLA   Además de nosotros.

ELPIDIO   ¿Existimos nosotros?

CAROLA   ¿Cómo vivirían?

ELPIDIO   Viviendo.

CAROLA   ¿Igual que nosotros?   25

ELPIDIO   Eso no te importa.

CAROLA   ¿No me importa?

ELPIDIO   Tú mides tu cinta. Yo armo mi rompecabezas. Lo demás no
             importa.

CAROLA   Tienes razón. *(Midiendo.)* Ochentidós, ochentiuno, ochenta . . .   30

> *Suena el timbre. Ambos se interrumpen*
> *y se miran aterrados. Breve intervalo. Suena el*
> *timbre. Se van levantando*
> *lentamente.*

CAROLA *(En voz baja.)* ¿Oyes?

ELPIDIO No soy sordo.

CAROLA *(Retrocediendo.)* ¿Y . . . ahora?

> *Suena el timbre. Elpidio da un súbito puñetazo sobre la mesa.*   5

ELPIDIO *(A gritos.)* ¡Es tu culpa! ¡Es tu culpa!

CAROLA *(Retrocediendo más, al borde de las lágrimas.)* ¿Mi culpa?

ELPIDIO *(Yendo a ella, furioso.)* Tu maldita curiosidad. Te has vendido,[17] ¿no lo comprendes? Saben ahora que deseas otras cosas.

CAROLA *(Llorando.)* No deseo nada.   10

ELPIDIO Creerán que añoras otra vida.

CAROLA No añoro nada.

ELPIDIO Que recuerdas . . .

CAROLA No recuerdo.

ELPIDIO ¡Estúpida! Seguirán enviando cosas inútiles . . .   15

CAROLA No, no.

ELPIDIO Tapiarán la puerta[18] con ellas. Invadirán el apartamiento con ellas. Nos ahogarán de cosas inútiles. ¡Por tu culpa!

CAROLA No, Elpidio.

ELPIDIO Te has empeñado tercamente en no perder la memoria.   20

CAROLA Pero la he perdido. Te juro que la he perdido.

ELPIDIO Ellos no lo creen. Y toman su venganza. Maldita. ¡Mald . . . !

> *Alza la mano para pegarle. En ese instante suena el timbre, estridente, urgente. Elpidio se queda con la mano en alto. Súbitamente, toma una decisión y   25 se dirige con rapidez a la puerta del fondo.*

CAROLA *(En grito de angustia.)* ¿Qué vas a hacer?

ELPIDIO Abrir.

CAROLA ¡No! ¡No!

ELPIDIO *(Volviéndose.)* Voy a coger toda la nueva basura que hayan   30 dejado ahí y la voy a llevar al ascensor. Bajaré con ella y si tampoco esta vez hay puerta, abriré en la pared una salida con mis propios puños hasta echarla fuera. ¿Comprendes?

---

[17] *Te has vendido* You have betrayed yourself.   [18] *Tapiarán la puerta* They will wall up the door.

CAROLA   ¿Estás loco? ¡No! ¡No!

> *Elpidio abre bruscamente la puerta. La máquina*
> *y los paquetes han desaparecido. En el centro del*
> *marco está Lucío sonriente. Es un joven de veintiún*
> *años, lleno de vida y entusiasmo. Tiene un obvio*   5
> *parecido a Elpidio. Diríase[19] que así sería Elpidio*
> *cuando joven. Su maquillaje es normal contrastando*
> *con el maquillaje mortuorio de Elpidio y Carola.*
> *Estos dan un paso atrás al ver a Lucío. Al entrar*
> *Lucío bajan un tanto las luces y éste aparece*   10
> *envuelto en una luz azul de sueño[20] que desaparece*
> *cuando él entra a la sala.*

ELPIDIO   ¡Gente!

CAROLA   ¡Gente!

LUCIO   Buenas tardes. *(Se acerca a Elpidio, lo mira emocionado.)*   15
¡Maestro! *(Le toma por los hombros, con sincera emoción.)* Maestro.
(Lo abraza. Se aparta dominando sus sentimientos. Mira a Carola y
sonríe. Va a ella.) Es tu esposa, supongo. *(La toma por los brazos y la*
besa suavemente en la frente.) Gracias por haberlo hecho feliz.

> *Elpidio y Carola dejan hacer[21] atónitos, estupe-*   20
> *factos.*

ELPIDIO   Oiga . . . ¿quién es usted?

> *Lucío se acerca a él sonriente.*

CAROLA   Es . . . ¡es un hombre!

ELPIDIO   .¿Pero . . . por dónde entró?   25

LUCIO *(Señalando la puerta del fondo.)*   Por la puerta.

ELPIDIO *(Yendo hasta el pasillo y echando una ojeada.)[22]* No es posible.
¿Y los paquetes?

LUCIO   ¿Qué paquetes?

CAROLA   ¿Y la máquina?   30

LUCIO   ¿Máquina?

ELPIDIO *(Confundido.)*   Estaba todo ahí, obstruyendo . . . *(Se aleja de la*
puerta.) Querían ahogarnos, las cosas inútiles.

LUCIO *(Cerrando la puerta del fondo, siempre luciendo una franca*

---

[19] *Diríase* One could say.   [20] *de sueño* dream-like.   [21] *dejan hacer* appear.   [22] *echando una ojeada* casting a glance.

sonrisa.) Pero Elpidio, no hay cosas inútiles. Todo tiene su sentido. ¿Recuerdas?

ELPIDIO *(Alarmado.)* ¿Recordar? *Volviéndose a él, con temor.)* ¿Quién es usted?

LUCIO   Soy Lucío. Lucío.   *5*

ELPIDIO   No lo conozco. *(Con gesto de exasperación e impotencia.)* No lo conozco.

LUCIO   Claro que me conoces, maestro. Claro que sí. *(Le toma por los hombros y le examina con expresión afectuosa.)* Has cambiado, es cierto. Hay canas en tus cabellos, se te ha blanqueado el bigote. Y esas   *10* arrugas . . . (Pasa el dorso de la mano por la frente de Elpidio.) ¿Por qué estás tan pálido? Los labios . . . Se te ha endurecido la boca. ¡No ha pasado en vano el tiempo! *(Haciendo el descubrimiento con alegría.)* Pero en tus ojos . . . Sí, ahí en el fondo de tus ojos . . . Hay algo . . . Sí. Sí. Ahí eres el mismo de hace veinte años. Ah, tus manos. *(Las examina   15 con lástima.)* Endurecidas también, como tus labios. *(Volviéndose.)* ¿Dónde está el piano?

ELPIDIO *(Dejándose caer idiotizado[23] en una silla.)* ¿El piano?

CAROLA   ¿Piano? ¿Qué es el piano?

LUCIO   Estará arriba,[24] en tu habitación, supongo.   *20*

CAROLA   No es nuestra la habitación de arriba.

LUCIO   ¿Es de los hijos?

CAROLA   ¿Hijos? No . . . No sé. No hay nadie en esa habitación. Nunca ha habido.

LUCIO   La ocuparé yo, entonces.   *25*

CAROLA   ¿Es usted hijo nuestro?

LUCIO   No, no. Yo fui un discípulo de tu esposo. Nos quisimos mucho. A veces él me llamaba hijo. ‹Pobrecito. Pobrecito hijo mío›. Así, con lástima. Lástima de mi juventud tan egoísta y cruel. Es un gran hombre tu esposo. Un alma noble en demasía.[25] ¿Lo sabes?   *30*

CAROLA   Nunca supimos. Nunca entendimos por qué el apartamiento tenía esa habitación adicional arriba. No hacía falta.[26] Sólo él y yo. La de aquí abajo bastaba.

LUCIO   ¿Cómo te llamas?

CAROLA   Carola.   *35*

---

[23] *Dejándose caer idiotizado* Dropping stupefied.   [24] *Estará arriba* It's probably upstairs.
[25] *en demasía* extremely.   [26] *No hacía falta* We didn't need it.

LUCIO   Llegaste tarde a su vida, Carola. Quiero decir, yo no te conocí entonces. Debiste haber sido bella. Porque él amaba la belleza en todas sus formas. La del cuerpo, la del espíritu . . . Quizás porque él mismo era así. ¿Recuerdas su rostro? No podía decirse que era un rostro hermoso. Pero por momentos, en ocasiones, en el éxtasis del arte, toda la belleza   5
de su mundo interior se asomaba a aquel rostro transfigurándolo, embelleciéndolo. Y su música . . .

Suena un silbido mecánico en la cocina.

CAROLA   No es música.

LUCIO   ¿Decías . . . ?   10

CAROLA   Es el aviso de que la comida llega. *(Vuelve a sonar el silbido.)* Perdone. *(Yendo hacia la cocina.)* Como viene en el aparato mecánico, hay que retirarla pronto. Si se tarda unos segundos, se la lleva de nuevo y nos quedamos sin comer. Ha ocurrido antes. Perdone.

Sale.   15

*Lucío la mira salir sonriendo. Luego da una
vuelta observando el apartamiento. Sus ojos tro-
piezan con Elpidio. Va a una mesa, se sienta a medias
en el borde, cruza los brazos y observa a Elpidio,
con expresión afectuosa.*   20

LUCIO   *(Quedamente.)*[27]   ¡Maestro!

*Elpidio alza lentamente la cabeza. Su rostro está
desencajado.*[28]

ELPIDIO   ¿Quién . . . quién es usted?

LUCIO   Lucío.   25

ELPIDIO   *(Levantándose trabajosamente, sin apartar los ojos de Lucío.)* Pero eso es un nombre. Sólo un nombre. No significa nada.

LUCIO   Es mi nombre. Es el nombre por el cual me conociste. ¿No recuerdas lo que decías? ◄Lucío, hay luz en tu nombre, la luz que a mi vida trajiste►. Y te referías a tu vida absorta de genio, de compositor   30
famoso. Y también de profesor del conservatorio. A tu gris vida de cuarenta años. *(Ríe jovialmente.)* A la cual traje yo la luz de mi irresponsabilidad, de mi locura de veinte años.

ELPIDIO   Por favor, no hable así. Usted se divierte. Y eso, a su edad, está bien. Pero no a costa mía. Yo no soy lo que usted cree. Se ha   35
equivocado, sin duda. Este no es el apartamiento que busca.

---

[27] *Quedamente* Softly.   [28] *Su rostro está desencajado* His face is distorted.

LUCIO No me equivoco, Elpidio. Este es el apartamiento. El apartamiento que busco desde hace veinte años.

ELPIDIO *(Agitado.)* ¿Qué edad tiene usted?

LUCIO Veintiuno.

ELPIDIO ¡Cuán ridícula es su mentira! Si sólo tiene veintiuno no puede   5
haber iniciado la búsqueda del apartamiento hace veinte años. Hace
veinte tendría usted sólo un año de nacido.

LUCIO No, Elpidio. Hace veinte años tenía yo veintiuno. ¿No comprendes? El tiempo no ha pasado por mí.[29]

ELPIDIO *(Agitadísimo.)* ¿Por dónde entró usted? Comprenderá que es   10
imposible. El ascensor abajo no tiene puerta. No hay entrada, no hay
salida. Ni ventanas siquiera. Usted en verdad no puede estar aquí. Usted
no está aquí en realidad.

LUCIO *(Extendiendo un brazo hacia él.)* Palpa la realidad, Elpidio.
(Elpidio, fascinado, se acerca y va a tocar la mano de Lucío, pero de   15
pronto retira la suya.) No la rehuyas. La realidad . . .

> *Elpidio al fin toca la mano de Lucío, luego palpa*
> *su brazo. Hay en el gesto algo del ciego que trata de*
> *orientarse por el tacto. Cuando sus manos llegan al*
> *hombro, se detiene, alza la vista, mira el rostro de*   20
> *Lucío.*

ELPIDIO Es usted real. ¡Está aquí, no hay duda! *(Se aparta brusca-*
mente, agitadísimo de nuevo.) Entonces, ellos le envían. Como enviaron
los paquetes, como enviaron la máquina. Es usted otro instrumento de
provocación. Es usted otra cosa inútil, como la máquina de fregar platos   25
en un mundo donde no hay platos que fregar, como la plancha eléctrica
en un apartamiento donde todo llega planchado. Otra cosa inútil, sin
razón alguna de ser. ¿Qué se proponen esta vez? ¿Acaso no cumplimos
nuestro deber? Carola mide la cinta, yo armo el rompecabezas. ¿Qué
más pretenden de nosotros? ¿Por qué ellos le han enviado?   30

LUCIO ¿Ellos, Elpidio? No sé de quién hablas. Ellos no me han enviado.

ELPIDIO *(Violento, yendo hacia él.)* Dígame, ¿por dónde ha entrado?
(Agarrándolo brutalmente por las solapas, con apretada rabia.)[30] ¿Por
dónde ha entrado usted?

LUCIO *(Tranquilo.)* Aún conservas tu violencia. Siempre fuiste violento.   35
En una ocasión llegaste a pegarme, ¿recuerdas? O, mejor dicho, nos

---

[29] *El tiempo no ha pasado por mí* Time has not changed me.   [30] *con apretada rabia* with
restrained fury.

pegamos como dos chiquillos. *(Sonriendo.)* El genio podía ser a ratos infantil.

ELPIDIO   Usted . . .

LUCIO   No vamos a repetir aquella absurda escena ahora, Elpidio.

ELPIDIO *(Soltándole y retrocediendo.)*   ¡Basta! ¡Basta de toda esta cosa   5
ridícula, por favor! Yo no le conozco, no le he conocido nunca. Yo no soy ni jamás he sido compositor, ni genio, ni profesor de un maldito conservatorio. Convénzase, señor. Yo he sido simplemente . . .

LUCIO   ¿Qué has sido?

ELPIDIO   Yo soy . . .   10

LUCIO   ¿Qué eres?

ELPIDIO *(Desconcertado, en voz baja.)*   El que arma el rompecabezas.

> Se deja caer en la silla ante su mesa, sus ojos
> fijos en las piezas del rompecabezas.
> Lucío le mira con infinita compasión. Bajan las   15
> luces y surge una suave luz azul sobre Elpidio.
> Lentamente se acerca a él, va detrás de la silla y con
> gestos lentos, casi litúrgicos, alza las manos sobre la
> cabeza de Elpidio, sin tocar ésta, como un palio
> protector. Las manos continúan el ademán y, con   20
> lentitud, van a posarse suavemente en los hombros
> de Elpidio. Se oye música suave, sinfonía que
> dramatiza lo que Lucío describe.

LUCIO   Resolviste problemas más arduos en la vida, Elpidio. El amor de tantas mujeres. El misterio de las notas. El rompecabezas matemático de   25
la composición musical. Amor y arte. ¿No oyes tu música, maestro? ¿No oyes la música que generosamente diste al mundo y que éste supo devolverte en admiración, afecto, amor? Escucha. ¿La recuerdas? Tu Sinfonía de las Estrellas. ¿Oyes? Se inicia ahora el *leitmotif*. Es la alegría del universo. Pero comienza de pronto el drama del Hombre. El   30
primer grito de dolor ahoga la alegría inicial. Va en *crescendo*. Pronto entrarán los oboes con su trágica admonición. ¡Helos ahí, maestro! *(Calla y baja la cabeza observando a Elpidio quien ha permanecido con los ojos muy abiertos, mirando al vacío, su rostro totalmente inexpresivo.)* Tu Sinfonía de las Estrellas. *(Sonríe y se aparta de Elpidio.)*   35
Un título que a ti jamás se te habría ocurrido. Porque detestabas los clisés, los estereotipos. Pero se me ocurrió a mí, ¿recuerdas? Terminaste la sinfonía una noche en Guajataca, en la terraza, frente al mar. Estabas eufórico porque se rompía con ello un largo período de esterilidad en tu labor de creación. Yo dije: «es música de astros». Luego, observando el   40
cielo luminoso, añadí: «Una sinfonía de estrellas». Y tú, pasaste por alto

lo estereotipado de mis palabras[31] y exclamaste con entusiasmo: ◄ ¡Eso
es, Lucío. Así la llamaremos: Sinfonía de las Estrellas! ► ¡Qué orgullo el
mío, maestro! ¡Y cuán generoso fuiste! Lo hiciste sólo para que yo, tu
discípulo inmerecido, sintiese la satisfacción de haber bautizado una de
tus obras maestras, para que yo, en cierto modo, me sintiese copartícipe   5
de tu triunfo.

Cesa la música.

ELPIDIO *(Absorto.)*   Usted miente. Yo no he tenido triunfo alguno.

LUCIO   Pero antes también habías sido generoso. En el conservatorio,
cuando creíste descubrir talento en mí, te entregaste a la generosa tarea   10
de estimularme. Aquel año, incluso, sacrificaste tus vacaciones. ◄Esta
ciudad te asfixia► —dijiste—. ◄Tienes que ir a las entrañas de tu tierra,
conocer al campesino, ascender a la montaña, recorrer las pequeñas
aldeas costaneras, y los viejos pueblos coloniales. Tienes que buscar la
raíz de lo tuyo antes de intentar elevarte a las regiones de la creación.►   15
Y me llevaste contigo, maestro. Abriste para mí la emoción honda de
por vez primera conocer lo nuestro.

Desaparece la luz azul sobre Elpidio.

ELPIDIO *(Dando un puñetazo sobre la mesa y levantándose.)*   ¡Basta!
¡No más! ¡No más! Estoy harto de su historia, señor.   20

LUCIO   Es tu historia, Elpidio. Es nuestra historia.

ELPIDIO   ¿Puede callarse ya?

LUCIO   No, no puedo. Y tú lo sabes.

ELPIDIO   Yo no sé nada. Excepto que usted miente. Nada de lo que dice
ha ocurrido jamás.   25

LUCIO   Pero ocurrió, Elpidio. Ocurrió. ¿No recuerdas? Traicioné tu labor
marchándome.[32] Había una oferta de buen dinero para un joven músico
lleno de ambición. Y había sed de aventura. Me marché alegre y
confiado, en plan de conquistar el mundo, sin que me doliera tu
frustración, tu dolor. Fue el primer paso para la destrucción de mi   30
talento, de todo lo que pudo florecer en mí.

ELPIDIO   Y usted . . . no triunfó.

Surge luz azul sobre Lucío.

LUCIO   No, maestro. Muchos años después nos encontramos en un club
nocturno. Yo me ganaba allí la vida tocando el piano; interpretando mis   35

[31] *Y tú, pasaste por alto lo estereotipado de mis palabras* And you overlooked the stereotyped
nature of my words.   [32] *Traicioné tu labor marchándome* I betrayed your work when I left.

propias composiciones. No las creaciones que juntos soñamos produciría mi talento, no. Simples canciones populares, pobre música de *night-club*. Te vi entrar con tu querida de turno. Y fui a ti con el corazón rebosante de alegría, pero sobre todo, de esperanza. Tú aún podías salvarme. Yo nunca había tenido el valor de volver a verte. Ahora estabas allí y me acerqué a ti temblando de emoción. ‹Maestro›, dije. Tú me miraste como si no me conocieras, como se ve a un extraño, por primera vez. Y había en tu expresión, especialmente en tus labios, lo que nunca había visto: esa dureza que hoy he descubierto en ellos. Me observaste desde tu altura, como se observa a un mero objeto yacente en un abismo. Y en tus ojos, en el fondo de tus ojos, había un infinito desprecio. Yo hubiese podido soportarlo todo, todo: tu indignación, tus reproches, tu violencia. Pero no aquello, no tu desprecio.

Se deja caer en un taburete y oculta el rostro entre las manos.
Elpidio se acerca a Lucío lentamente y se detiene ante él. Su mano se mueve como para brindar consuelo, pero el gesto se hace indeciso, paralizándose en el aire para disolverse luego.

ELPIDIO   Usted, señor, se canta y se llora sus propias penas. Inventa una historia la mar de interesante[33] y logra emocionarse con su propia invención. Más que músico —si en verdad lo es usted— debió haber sido escritor, novelista quizás. Casi ha logrado interesarme en ese cuento fantástico del maestro y el discípulo. Pero comprenderá que tengo una labor importante que realizar: armar mi rompecabezas. No puedo, por ello, prestarle más atención a sus invenciones. ¿Tendrá la bondad de dejarme ya?

Desaparece la luz azul sobre Lucío.

LUCIO   *(Alzando lentamente la cabeza, con expresión dolorida.)*   ¿Me echas?[34]

ELPIDIO   No quiero ser descortés, créame. Sólo le ruego que se marche.

LUCIO   ¿Marcharme? Tú mismo has dicho que no hay salida.

ELPIDIO   No la hay para mí. Pero si está usted en el apartamiento, debe haber entrado de algún modo. Váyase usted igual[35] que vino, señor.

Suben las luces normales en escena. Entra Carola con un plato de comida que va a colocar sobre su mesa.

[33]*la mar de interesante* terribly interesting.   [34]*¿Me echas?* Are you throwing me out?
[35]*igual* the same way.

CAROLA   Comerá usted con nosotros, señor. Nada extraordinario, claro. Supongo que aún se usa la hospitalidad. Venga, siéntese.

LUCIO   *(Levantándose.)*   Gracias, Carola. No puedo comer.

CAROLA   Lo siento. Digo, está bien así pues repito que no es nada extraordinario. *(Llevando el plato a la mesa de Elpidio.)* Come tú   5
entonces, Elpidio. Ya sabes que sólo se mantiene caliente por muy poco tiempo.

ELPIDIO   Llévatelo. No tengo ganas de comer.

CAROLA   *(Desconcertada.)*   ¿No?

ELPIDIO   No.   10

CAROLA   *(Mirando a uno y a otro.)*   Esto no traerá nada bueno. Lo sabrán ellos . . . *(Iluminada.)* Ah, lo echaré en el incinerador.

> *Cruza hacia la derecha.*

ELPIDIO   Eso es. Echalo en el incinerador. *(Carola sale por la derecha. Elpidio va al fondo y aprieta el botón; se abre la puerta.)* Bien, señor.   15

LUCIO   ¿Estás decidido?

ELPIDIO   Mi decisión de no verle ni oirle más es irrevocable.

LUCIO   ¿Dices que hay ascensor?

ELPIDIO   Sí, hay ascensor.

LUCIO   Acompáñame entonces, por favor. Si encontramos una salida, me   20
marcharé. Te lo prometo.

> *Elpidio le mira dudando. Lucío sale envuelto en la luz azulosa del pasillo. Elpidio sale y deja la puerta abierta.*
> *Entra Carola por la derecha. Observa sin sorpresa*   25
> *la estancia sola. Va a su mesa, se sienta y reanuda la tarea de medir la cinta.*

CAROLA   *(Midiendo, en voz baja.)*   Setentinueve, setentiocho, setentisiete . . .

> *Desde la infinitud azul del pasillo vemos*   30
> *acercarse la figura de Terra. Es una atractiva mujer de veintiún años, vestida de rojo. Su maquillaje normal de persona joven y saludable contrasta con el maquillaje mortuorio de Carola. Terra recuerda físicamente a Carola cuando ésta era joven. Hay*   35
> *sobre ella una luz azul que desaparece al entrar a la sala.*

TERRA   *(Quedamente.)*   Carola. *(Carola interrumpe su labor y permanece paralizada. Terra da un paso hacia la sala, en voz alta.)* ¡Carola!

CAROLA   *(Levantándose sobresaltada.)*   ¿Eh? *(Se vuelve hacia el fondo y, al ver a Terra, deja escapar un grito de espanto.)* ¿Más gente?

Terra cierra la puerta.   5

TERRA   *(Yendo a ella, sonriendo conmovida.)*   ¡Carola! Carola querida. *(La besa en ambas mejillas.)* ¡Qué alegría verte!

CAROLA   *(Retrocediendo.)*   ¿Quién es usted?

TERRA   Soy Terra.

CAROLA   ¿Terra? Nunca oí ese nombre.   10

TERRA   Es el mío, Carola.

CAROLA   ¿Por dónde entró al apartamiento?

TERRA   *(Señalando al fondo.)*   Por la puerta.

CAROLA   No. Quise decir . . . ¿Por cuál salida? Digo, entrada.

TERRA   ¡Qué importa, mujer! Estoy aquí. Me has llamado.   15

CAROLA   ¿Llamarla? No la conozco. *(Perdida.)* ¿Dónde está Elpidio?

TERRA   ¿Quién es Elpidio?

CAROLA   Mi marido.

TERRA   Es cierto. Te casaste. ¡Qué extraña culminación para una vida como la tuya!   20

CAROLA   ¿Qué de extraño tiene Elpidio? [36]

TERRA   Elpidio, nada. El hecho de que te casaras. Tú pertenecías al mundo todo, no a un solo hombre.

CAROLA   No sé de qué habla. Usted debe haberse equivocado de apartamiento.   25

TERRA   No, Carola. No me he equivocado.

CAROLA   *(Asustada.)*   Entonces, ¡la han enviado *ellos!*

TERRA   ¿Ellos?

CAROLA   Hoy se han pasado el día enviando cosas.

TERRA   *(Riendo.)* Pero yo no soy una cosa. *(Va solícita a Carola.)* Estás   30 muy pálida, Carola. Y nerviosa. Ven, siéntate. *(La lleva al sofá.)* Comprendo tu emoción. Han pasado tantos años. Pero tranquilízate, y hablemos. *(Se sientan. La observa con tristeza.)* No han pasado en vano

---

[36] *¿Qué de extraño tiene Elpidio?* What's strange about Elpidio?

los años. *(Pasando su mano por la frente de Carola.)* Esta frente que una vez fuera tan tersa. Y la boca. Se te han marchitado los labios.[37] Pero en los ojos . . . Sí, Carola, en tus ojos queda algo, algo de aquel fuego que un día incendió toda nuestra América.

CAROLA *(Levantándose.)* ¡Está loca! Aquí el único fuego es el del 5
incinerador. *(Va al fondo.)* ¿Dónde está Elpidio?

TERRA ¿Por qué huyes del recuerdo, Carola? Es un recuerdo hermoso. Tu vida toda fue poesía.

CAROLA *(Volviéndose.)* ¿Poesía? *(Extrañada.)* ¿Qué es poesía? 10

TERRA ¡Y me lo preguntas! Cuántas veces la definiste tú.

CAROLA ¿Definirla?

TERRA *(Levantándose.)* Desde adolescente, cuando desnuda, en el río, te bañabas.

CAROLA No sea obscena, señorita. 15

Se dirige a la puerta cerrada del fondo.

TERRA Jamás fuiste obscena. No podías serlo. Eras la naturaleza primigenia. Más pura eras, mientras más te entregabas[38] al hombre.

CAROLA ¿Qué hombre?

TERRA Todos los hombres que en tu vida hubo. 20

CAROLA *(Llamando.)* ¡Elpidio!

TERRA Desde aquella noche de luna, cuando a la orilla del río te entregaste por vez primera al fauno.

CAROLA *(Asombradísima.)* ¿Al fauno?

TERRA Por lo menos tú creías que lo era. 25

CAROLA *(Irritada.)* ¿Qué es eso del fauno?

TERRA Aunque sólo fuese en verdad un joven campesino.

CAROLA *(Impaciente.)* ¡Ay, señorita! ¿Por qué se empeña en meterme en esos líos?[39]

TERRA Sólo tienes que recordar, Carola. 30

CAROLA *(Exasperada.)* ¿Cómo quiere que recuerde algo que jamás he vivido? Perdonando la franqueza, señorita, usted está loca. De manicomio.[40] Si es que existen manicomios todavía.[41]

---

[37] *Se te han marchitado los labios.* Your lips have faded. [38] *te entregabas* you surrendered yourself, yielded. [39] *¿Por qué se empeña en meterme en esos líos?* Why do you insist on getting me into those intrigues? [40] *De manicomio* Mad enough to be in an insane asylum. [41] *Si es que existen manicomios todavía* That is, if they still have insane asylums.

TERRA   Ah, sí, loca te llamaron muchas veces. Locura era tu vida, locura tu poesía. Divina locura que los pequeñitos [42] no pudieron nunca comprender.

CAROLA   ¿Cómo iban a comprenderlo los pequeñitos, si a mis años yo no comprendo nada de lo que dice?

TERRA   La incomprensión te hizo marchar lejos de la patria. Recorriste   5
entonces la América nuestra.

CAROLA   Pero si nunca salgo del apartamiento. Ellos . . .

TERRA   Y diste generosamente los dones de tu cuerpo y tu poesía.

CAROLA   Y usted, ¿cómo sabe que yo diera esos . . . dones?

TERRA   Yo era tu secretaria.   10

CAROLA   Ah, ¿pero tenía secretaria?

TERRA   Desde luego. Carola de América, necesitaba una secretaria.

CAROLA   ¿Una secretaria para hacer las cosas que usted dice?

TERRA   Pero, Carola, eras poetisa de todo un continente.

CAROLA   ¿Era yo poetisa, entonces?   15

TERRA   La más apasionada. Tus poemas hacían morir de envidia a las mujeres. Y excitaban hasta el paroxismo a los hombres.

CAROLA   *(Llamando.)*   ¡Elpidio!

TERRA   ¿Recuerdas?

CAROLA   Nada.   20

  Bajan las luces normales y surge luz azul sobre Carola.

TERRA   Escucha, Carola. *(Recitando, con emoción.)* ◄Fue en Mirasol, amado entre los cafetos de la vieja hacienda, desnuda de universo[43] me entregué a la fuerza cósmica de tus brazos.►

CAROLA   Es bonito eso. ¿Quién lo escribió?   25

TERRA   Tú, Carola.

CAROLA   ¡Ya lo creo! Como se entregó desnuda . . . ¿Por qué se empeña en achacarme cuanta pornografía se le ocurre? [44]

TERRA   Tus pobres burlas de hoy, Carola, no pueden borrar los versos
que escribiste ayer. Recuerda . . . Recuerda . . . Dime uno de tus versos.   30
(Volviéndose a ella.) Oh, Carola, ¿cómo puedes haberlos olvidado? Los versos de Mirasol, las naranjas, el río, la hacienda . . . Eras tú que empe-

---

[42] *los pequeñitos* narrow-minded people.   [43] *desnuda de universo* oblivious to the world.
[44] *¿Por qué se empeña en achacarme cuanta pornografía se le ocurre?* Why do you insist on attributing to me all the pornography you can think of?

zabas a expresarte. Y por tu boca se expresaban todos los que sentían su ser encendido de amor. *(Yendo a ella.)* Luego, tus versos más serios, los de hondo sentido metafísico. Dime, ¿qué has escrito últimamente?

CAROLA   ¿Y a quién voy a escribirle, señorita? Aquí no se recibe correspondencia. Ni buzón tiene el apartamiento, figúrese.   5

TERRA   ¡Quién habla de cartas!   ¡A quién le importa esos pequeños papeles mentirosos que se rompen o se queman, que jamás dejan impresión alguna en el espíritu!   No, no. Hablo de versos, hablo de tu obra de creación.

CAROLA   ¡Ah, sí!   *(Súbitamente sombría.)* Yo mido la cinta azul.   10

TERRA   *(Con infinita compasión.)*   ¡Carola!   *(Va a su bolso que había dejado sobre una mesa y extrae tres pequeños volúmenes primorosamente encuadernados en piel azul. Se vuelve a Carola y, con gesto emocionado, le extiende los libros.)* Tus versos.

> Carola, al ver los libros, ahoga un grito de terror   15
> y retrocede espantada. Desaparece la luz azul.

CAROLA   ¡Libros!

TERRA   *(Dando un paso hacia ella.)*   Obras escogidas[45] de Carola, poetisa de América.

CAROLA   ¡No! ¿Libros? ¡No!   *(Extiende sus brazos en gesto de*   20
aterrado repudio.) ¡No se acerque!   ¡No se acerque!

TERRA   ¿Qué ocurre, Carola?

CAROLA   *(Agitadísima en su terror.)*   ¡No! ¡Libros! Ellos no lo permiten. Libros, no. Hay . . . hay que destruirlos.

TERRA   ¿Destruirlos? ¿Destruir tu obra, tu propia obra?   25

CAROLA   No es mi obra. Pero no importa de quien sea. Son libros. Es preciso destruirlos. *(Se abalanza sobre los libros y se los arrebata a Terra.)* ¡El incinerador!   Hay que destruirlos. *(Va desesperada a la derecha.)* El incinerador. Cenizas. Sólo cenizas.

> Sale por la derecha.   30

TERRA   *(Dando un paso como para detenerla.)*   ¡Carola!   *(Llevándose ambas manos a la boca, con dolor y un poco de espanto, ahogada por las lágrimas.)* Carola.

> Breve intervalo. Entra Carola con aspecto de
> total abatimiento. Se apoya en el marco de la   35
> entrada a la cocina.

---

[45] *escogidas* selected.

CAROLA *(Murmurando, con los ojos fijos en el piso.)*   Cenizas. Sólo cenizas.

> *Terra va hacia ella y la abraza.*

TERRA   Carola, Carola querida. No es posible. No tienes por qué resistir el recuerdo. Ven, hablemos.   5

CAROLA *(Dura por vez primera.)*   Nada tenemos que hablar, señorita. *(Va a la puerta del fondo.)* Tenga la bondad de salir del apartamiento.

TERRA   ¿Me echas?

CAROLA   Le pido que se vaya.

TERRA   Me echas. Es la segunda vez. ¿Recuerdas?   10

CAROLA   No se empeñe en el mismo estribillo. Nada recuerdo.

TERRA   Yo era tu secretaria, pero era también tu mejor amiga, tu confidente. Y me echaste sin piedad. Por celos. Porque creías que Orestes y yo . . .

CAROLA   ¿Orestes?   15

TERRA   La gran pasión de tu vida.

CAROLA   No ha habido grandes pasiones en mi vida. Salga.

> *Aprieta el botón y se abre la puerta del fondo.*

TERRA   Escucha, Carola. He de decirte algo sobre Orestes.

> *Por la puerta abierta se ve acercarse a Elpidio.*   20
> *Detrás de él, Lucío, quien permanece en el umbral.*
> *Suben las luces normales y realistas.*

ELPIDIO *(Entrando. Asombradísimo al ver a Terra.)*   ¿Y esto? ¿Esto qué es? ¿Quién es esta mujer?

CAROLA *(Corriendo a Elpidio.)*   ¡Elpidio! ¡Protégeme! ¡Protégeme!   25

ELPIDIO   ¿Protegerte? ¿De qué?

CAROLA   De ella. Está loca, sin duda. Dice cosas espantosas.

ELPIDIO   ¿Quién es usted?

TERRA *(Amable.)*   Soy Terra, amiga de Carola. Mucho gusto, Elpidio.

ELPIDIO   ¿Cómo llegó hasta aquí?   30

TERRA   Carola está nerviosa.

ELPIDIO   ¿Qué desea? ¿Qué busca en este apartamiento?

TERRA   ¿Buscar? No busco nada.

ELPIDIO   ¿Por qué ha venido?

TERRA   Carola me ha llamado.

CAROLA   No es cierto. No la conozco.

ELPIDIO   Usted miente, desde luego. Desde este apartamiento no es posible llamar a nadie.

LUCIO   *(Entrando.)*   Te olvidas de que me llamaste a mí, maestro.   5

ELPIDIO   *(Volviéndose a él violento, casi en un grito.)*   ¡Mientes!

> *Pausa. Elpidio se desconcierta. Lucío sonríe.*

LUCIO   Me tuteas[46] al fin, Elpidio. Como en los viejos tiempos.

ELPIDIO *(Alejándose de él, turbado.)* No fue mi intención ... Usted perdone. *(Se aprieta la frente con una mano.)* Todo es una locura. No   10
entiendo. *(De pronto, a Carola.)* ¿Qué te ha dicho ella?

CAROLA   Una historia fantástica.

ELPIDIO   ¿Sobre ti?

CAROLA   Sobre alguien que ella dice fui yo.

ELPIDIO   ¿Y eras ... ?   15

CAROLA   Poetisa. Pero, además, me bañaba desnuda en el río, a la luz de la luna. Y me entregaba a faunos, y tenía amantes ...

ELPIDIO   *(Mirando a Terra.)*   Y ella era tu discípula, desde luego.

CAROLA   No, mi secretaria.

ELPIDIO   Ah, tu secretaria. Sí, empiezo a entender. *(Dirigiéndose brusca-*   20
mente a Lucío.) De modo que esta mujer es su cómplice.

LUCIO   ¿Cómplice? ¿Cómplice en qué?

ELPIDIO   En toda esta burda trama[47] de atribuirnos un pasado que no nos pertenece.

LUCIO   Pero te equivocas, Elpidio. Es la primera vez que veo a esta   25
señorita. Y yo no participo de trama alguna. Si en aquel pasado de hace
veinte años te mentí a menudo, si traje grandes o pequeños engaños a
nuestras relaciones, hoy no te miento. Puedes creerme.

ELPIDIO   No, no puedo creerle.

TERRA   Créele, Elpidio. El dice la verdad.   30

ELPIDIO   Y usted, ¿cómo lo sabe?

TERRA   Porque es la primera vez que lo veo. Porque tampoco yo, Carola, participo de trama alguna. Y tú me conoces; sabes bien que jamás he mentido.

---

[46] *Me tuteas* You are addressing me in the familiar form.   [47] *burda trama* stupid plot.

CAROLA   No, yo no lo sé. Elpidio, pídeles a estos jóvenes que nos dejen tranquilos, que se vayan ya.

> *Elpidio mira a Terra y luego a Lucío. Al fin baja la cabeza.*

ELPIDIO *(En voz baja.)*   No se irán.   5

CAROLA   Pero deben irse. Deben hacerlo . . .

LUCIO   No hay salida, Carola.

> *Cierra la puerta.*

TERRA   Esa es la verdad, Carola. No hay salida.

> *Se miran todos en silencio.*   10

ELPIDIO *(Yendo derrotado a su mesa.)*   Yo soy Elpidio, el que arma el rompecabezas.

> *Se sienta anonadado.*

CAROLA *(Yendo derrotada a su mesa.)*   Yo soy Carola, la que mide la cinta azul.   15

> *Se sienta anonadada.*
>
> *Lucío se sitúa detrás de la silla de Elpidio. Bajan un tanto las luces y una luz azul envuelve a Lucío. Se oye tenue el tema musical indio.*

LUCIO *(Mirando al vacío.)*   Yo soy Lucío. Y traigo en mi pecho tu   20
sinfonía de estrellas.

> *Terra se sitúa detrás de la silla de Carola. Una luz azul la envuelve a ella.*

TERRA *(Mirando al vacío.)*   Yo soy Terra, y traigo en mi pecho un puñado de tu remota poesía.   25

> *Sigue oyéndose más alto el tema de la música india.*
> *Carola empieza a medir la cinta y Elpidio a armar el rompecabezas mientras cae rápido el*

TELON

ACTO II

Antes de descorrerse el telón, vuelve a oírse la música inicial, aunque muy brevemente, concluyendo con el tema indio. La misma decoración. Iluminación normal y realista. Minutos después del primer acto. En escena, Elpidio en su mesa, armando el rompecabezas y Carola en la suya, midiendo la cinta.   5

CAROLA *(En voz baja.)*   Cincuentiocho, cincuentisiete, cincuentiseis . . . *(Se interrumpe.)* Elpidio. *(Pausa.)* Elpidio.

ELPIDIO   Sí.

CAROLA   ¿Dónde están?

ELPIDIO   Por ahí, supongo.   10

CAROLA   ¿Qué hacen?

ELPIDIO   No lo sé.

CAROLA *(Reanudando su tarea.)*   Cincuentidós, cincuentiuno, cincuenta . . . *(Se interrumpe.)* Elpidio. *(Pausa.)* Elpidio.

ELPIDIO   Sí.   15

CAROLA   ¿Cabría . . . ? [48]

ELPIDIO *(Distraído.)*   ¿Cabría qué? [49]

CAROLA   ¿La posibilidad?

ELPIDIO *(Siempre atento al rompecabezas.)*   ¿Qué posibilidad?

CAROLA   Que dijeran . . .   20

ELPIDIO   Que dijeran qué . . .

CAROLA   En alguna forma . . .

ELPIDIO   Sí.

CAROLA   En cierta medida . . .

ELPIDIO   Sí.   25

CAROLA   Hasta cierto punto . . .

ELPIDIO   ¿Hasta cierto punto?

CAROLA   La verdad.

ELPIDIO   ¿Qué verdad?

CAROLA *(En voz baja.)*   La del . . . compositor, la de la . . . poetisa.   30

---

[48] *¿Cabría . . . ?* Would there be . . . ?   [49] *¿Cabría qué?* Would there be what?

ELPIDIO *(Distraído.)*   ¡Patrañas! *(Reaccionando de pronto con violencia.)*
¡Patrañas!

CAROLA   Tienes razón, ¡patrañas! *(Reanuda su tarea.)* Cuarentisiete,
cuarentiseis, cuarenticinco . . . *(Se interrumpe.)* Elpidio. *(Pausa.)* Elpidio.

ELPIDIO   Di.   5

CAROLA   Tú nunca . . .

ELPIDIO   Yo nunca.

CAROLA   Nunca tuviste . . .

ELPIDIO   Nunca tuve.

CAROLA   Talento para la música, ¿verdad?   10

ELPIDIO   No.

CAROLA   No. *(Reanuda su tarea.)* Cuarentiuno, cuarenta, treintinueve . . .
(Se interrumpe.) Yo nunca tuve . . . ¡Elpidio!

ELPIDIO   Tú nunca tuviste.

CAROLA   Talento para escribir, ¿verdad?   15

ELPIDIO   No.

CAROLA   No. *(Reanuda su tarea.)* Treinticinco, treinticuatro . . . *(Se
interrumpe.)* ¿Qué es un fauno?

ELPIDIO   ¿Fauno?

CAROLA   Fauno.   20

ELPIDIO   Fauno, fauno. Es un cabro con cara de hombre. O un hombre con
patas de cabro.

CAROLA   ¡Uy, qué feo!

ELPIDIO   ·¿Feo?

CAROLA   Feo.   25

                                                          Pausa breve.

ELPIDIO *(Interrumpiendo su tarea por vez primera.)*   ¿Qué es Guajataca?

                                   *A la palabra Guajataca se oye suave el tema
                                   musical indio.*

CAROLA   ¿Guajataca?   30

ELPIDIO   Guajataca.

CAROLA   Guajataca, Guajataca. Es un nombre indio.

ELPIDIO   ¿Indio?

CAROLA   Sí. El indio. *(Absorta.)* La conciencia de América.

ELPIDIO   Cuidado, Carola. Estás expresando un pensamiento poético.

CAROLA   O filosófico.

ELPIDIO   O político.

CAROLA   O metafísico.

ELPIDIO   *(Cortante.)*   ¡Olvídalo!   *5*

CAROLA   ¿Por qué, Elpidio? Pienso . . .

ELPIDIO   No pienses.

CAROLA   El indio es el único que puede salvarla.

ELPIDIO   ¿Salvar a quién?

CAROLA   A América.   *10*

ELPIDIO   ¡Cállate!

CAROLA   *(Iluminada.)*   Y si ello es cierto . . . *(Se levanta mirando a lo alto,*
las manos cruzadas sobre el pecho.) Si es así, si el indio puede salvar a
América . . . *(Una tenue esperanza en su voz, en sus ojos.)* También puede
salvarnos a nosotros.   *15*

ELPIDIO   *(Levantándose de un salto, furioso.)*   ¡Calla! ¡Calla! ¿No lo
sabes, estúpida? Nosotros ya no pertenecemos a América.

CAROLA   *(Volviendo a la realidad, azorada.)*   ¿No . . . ?

ELPIDIO   ¡No!

CAROLA   Es cierto. Perdona. Estamos . . . Pertenecemos . . .   *20*

ELPIDIO   Al apartamiento.

CAROLA   *(Dejándose caer vencida en su silla.)*   Sin salida.

ELPIDIO   *(Dejándose caer vencido en su silla.)*   Eso es, sin salida.

> *Pausa muy breve durante la cual ambos permanecen*
> *inmóviles. Elpidio reacciona y reanuda su tarea de*   *25*
> *armar el rompecabezas.*

ELPIDIO   Después de todo, sólo te pregunté por Guajataca.

CAROLA   *(Volviendo a medir la cinta azul, tímidamente.)*   Y yo sólo te dije
que era un nombre indio.

ELPIDIO   ¿A qué se aplica?   *30*

CAROLA   A un lugar.

ELPIDIO   ¿Junto al mar?

CAROLA   Junto al mar.

ELPIDIO   ¿Tenía cielo?

CAROLA   Tenía cielo.

ELPIDIO   ¿Tenía estrellas?

CAROLA   Tenía estrellas.

ELPIDIO   Alguna vez, ¿estuve allí?

CAROLA   No.   5

Se empieza a desvanecer el tema musical indio.

ELPIDIO   No.

Reanuda su tarea.

CAROLA   Dime tú, ¿qué es Mirasol?

ELPIDIO   *(Distraído.)*   ¿Mirasol?   10

CAROLA   Mirasol.

ELPIDIO   ¿Una flor?

CAROLA   ¿Girasol? No, no. Mirasol.

ELPIDIO   ¿Mirasol? Un lugar.

CAROLA   ¿En la montaña?   15

ELPIDIO   En la montaña.

CAROLA   ¿Tenía hacienda?

ELPIDIO   Tenía hacienda.

CAROLA   ¿Tenía río?

ELPIDIO   Tenía río.   20

CAROLA   ¿Tenía naranjas?

ELPIDIO   Tenía naranjas.

CAROLA   ¿Amé allí a alguien?

ELPIDIO   No.

Cesa por completo el ya muy lejano tema indio.   25

CAROLA   No. *(Reanuda su tarea.)* Treintitrés, treintidós, treintiuno . . . *(Se interrumpe.)* Elpidio. *(Pausa.)* Elpidio.

ELPIDIO   Sí.

CAROLA   ¿Dónde están?

ELPIDIO   No lo sé.   30

Terra y Lucío entran bajando la escalera, hablando y riendo. Carola reanuda su tarea. Terra va a sentarse en un taburete, a la mesa de Carola. Lucío va

> *a sentarse en el otro taburete a la mesa de Elpidio*
> *quien sigue absorto en el rompecabezas. Bajan un*
> *tanto las luces y a las dos parejas Terra y Carola,*
> *Elpidio y Lucío los envuelve una tenue luz azul. Se*
> *oye lejana música del tema indio.*   5

CAROLA   *(Midiendo.)*   Veintiséis, veinticinco, veinticuatro . . .

TERRA   ¿Por qué no descansas?

CAROLA   Dieciocho, diecisiete . . .

> *Su voz se pierde en un murmullo mientras sigue*
> *midiendo.*   10

LUCIO   ¿Puedo ayudarte?

ELPIDIO   No.

LUCIO   Esa pieza, maestro. Si la colocaras . . .

ELPIDIO   No.

TERRA   Quizás haya algo que yo pueda hacer.   15

CAROLA   No.

TERRA   Barrer el apartamiento. Limpiar los muebles.

CAROLA   *(Interrumpiendo su tarea.)*   Aquí no hay polvo. Jamás hay polvo, señorita. El aire está científicamente acondicionado,[50] científicamente filtrado, científicamente . . .   20

TERRA   ¿Y el sol?

CAROLA   Aquí no hay sol.

TERRA   ¿Y la luna?

CAROLA   Aquí no hay luna.

TERRA   ¿Y la noche?   25

CAROLA   Esa sí. Cuando uno quiere. Se apaga la luz y es noche. Se enciende la luz, y es día.

LUCIO   ¿Quieres que toque algo para ti?   ¿Dónde dijiste que tenías el piano?

ELPIDIO   Aquí no hay piano.   30

LUCIO   ¿El gramófono?

ELPIDIO   Aquí no hay gramófono.

LUCIO   ¿El radio?

---

[50] *El aire está científicamente acondicionado* It is scientifically air-conditioned.

ELPIDIO   Aquí no hay radio.

LUCIO   ¿El televisor?

ELPIDIO   En la habitación.

LUCIO   ¿No lo usas?

ELPIDIO   ¿Para qué?   *5*

LUCIO   ¿No te gusta?

ELPIDIO   Sólo hay dos programas.

LUCIO   ¿Dos programas?

ELPIDIO   El de los hombres y el de las mujeres.

LUCIO   ¿Cómo son?   *10*

ELPIDIO   El de los hombres: técnicas[51] para armar el rompecabezas. El de las mujeres: técnicas para medir la cinta azul.

LUCIO   Monótono.

ELPIDIO   Usted me distrae. No me hable más, por favor.

TERRA   ¿Recuerdas?   *15*

CAROLA   No.

TERRA   Fue en Montevideo.

CAROLA   Nunca estuve en Montevideo.

TERRA   Orestes . . .

CAROLA   Nunca conocí a ningún Orestes.   *20*

TERRA   El te inspiró aquella serie de poemas . . .

CAROLA   Nunca nadie me inspiró poemas.

TERRA   Y luego, en la Ciudad de México.

CAROLA   Nunca estuve en la Ciudad de México.

TERRA   El te siguió hasta allí.   *25*

CAROLA   Nunca nadie me siguió jamás.

TERRA   Fue en los jardines de Chapultepec.

CAROLA   Nunca estuve en jardines tales.

TERRA   Allí tuvieron la primera riña. Y luego, el escándalo en Bellas Artes.[52]   *30*

CAROLA   Señorita . . .

---

[51] *técnicas* techniques.   [52] *Bellas Artes* the Palace of Fine Arts in Mexico City.

TERRA   Tus celos, Carola. Que culminaron en aquella horrible escena en el hotel. Fue entonces que tomaste la decisión.

CAROLA   Señorita . . .

TERRA   Rompiste con él definitivamente. Y a mí me echaste de tu vida. Nos mataste a ambos en tu corazón.   5

CAROLA   Señorita, me hace usted perder la cuenta. No me hable más de sus historias, por favor. Trece, doce, diez, nueve . . .

LUCIO   ¿Recuerdas?

ELPIDIO   *(Sin interrumpir su tarea.)*   No.   10

LUCIO   Fue en aquel lugar de veraneo en la costa sur.

ELPIDIO   Nunca estuve en lugar alguno de veraneo en la costa sur.

LUCIO   Yo había terminado mi primera composición.

ELPIDIO   Nunca supe que usted hubiese terminado una primera composición.   15

LUCIO   Te pareció bien.[53] Y dijiste: «Creo que con esta obra tuya ha terminado mi misión.»

ELPIDIO   Nunca dije cosa tal.

LUCIO   Yo te tomé en serio y nos separamos.

ELPIDIO   Imposible separarse quienes juntos no estuvieron jamás.   20

LUCIO   Pero en aquella ocasión volví a ti. Estabas en San Sebastián con Amanda.

ELPIDIO   Nunca he conocido a nadie que se llame Amanda.

LUCIO   Y emprendimos aquella loca cabalgata[54] a través de Soller, bordeando[55] peligrosamente el lago. ¿Recuerdas?   25

ELPIDIO   Nunca estuve en un lugar llamado Soller y a caballo no he montado jamás.

LUCIO   Fue el día de tu accidente.

ELPIDIO   Nunca tuve un accidente.

LUCIO   La hermana menor de Amanda me había deslumbrado.[56] Sólo para   30
ella tenía ojos. Estaba yo sumido en algo como un sueño. Por eso no vi tu caída del caballo, no tuve conciencia de lo peligroso del accidente, no comprendí cuán cerca de la muerte estuviste, maestro.

ELPIDIO   Nunca fui maestro suyo, señor.

---

[53] *Te pareció bien* You liked it.   [54] *loca cabalgata* mad ride on horseback.   [55] *bordeando* going along the edge of.   [56] *me había deslumbrado* had blinded me (with passion).

LUCIO   Ya los demás te ayudaban a levantar cuando me acerqué y, en mi inconsciencia, sólo se me ocurrió decir: ◄¿Cómo te sientes? ► Así, con el tono superficial de quien pregunta por una ligera jaqueca. Todos me miraron indignados.

ELPIDIO   Señor . . .   5

LUCIO   Amanda, sobre todo, temblaba de indignación. Y acercándose me dijo por lo bajo:[57] ◄Es usted malo, Lucío, o carece en absoluto de sensibilidad.►

ELPIDIO   Señor . . .

LUCIO   Sólo tú fuiste generoso. Fingiendo ignorar la tensión del momento,   10
contestaste con naturalidad: ◄Me siento bien, gracias►. Lo cual no era cierto, pues tenías un tobillo dislocado y había en tu cuerpo dolorosos cardenales y magulladuras.

ELPIDIO   Señor, su charla inútil interrumpe lamentablemente mi labor. ¿Puedo sugerirle algo?   15

LUCIO   Tú ordenas, maestro.

ELPIDIO   Déjeme tranquilo por un rato. Salga usted. Dé una vuelta. Dése un paseo, por favor.

> *Se desvanece ahora la música lejana de tema indio*
> *y las luces azules.*   20

LUCIO   Sabes bien que no hay salida. Lo hemos comprobado juntos.

ELPIDIO   Lo sé, señor. Pero puede usted pasear en el ascensor. Yo mismo lo hago con frecuencia. Arriba y abajo. Arriba y abajo. Arriba y abajo. Todo el tiempo que desee. Nadie le molestará, le aseguro.

LUCIO   *(Sonriendo.)*   Está bien, Elpidio. *(Se levanta.)* Cumpliré tus deseos.   25

CAROLA   Elpidio, ¿se va el señor?

ELPIDIO   Va a dar un paseo.

CAROLA   Pídele al señor que invite a la señorita.

TERRA   Pero, Carola . . .

CAROLA   Le vendrá bien el paseo.[58] Nos vendrá bien a todos, quiero decir.   30
Porque vea, si no acompaña al señor, volverá usted dentro de unos segundos con el estribillo de ◄¿Recuerdas? ►.[59] Sabiendo usted muy bien que no recuerdo nada. Y todas esas historias suyas me distraen de mi tarea.

---

[57] *por lo bajo* in a low voice, quietly.   [58] *Le vendrá bien el paseo* The stroll will be good for you.   [59] *Porque vea, ◄¿Recuerdas? ►* Because look here, if you do not accompany the gentleman, in a few seconds you'll start again with your refrain of "Do you remember?"

Que no es otra que medir la cinta. Que es lo único que me importa en la vida. ¿Comprende?

LUCIO   Señorita, ¿sería usted tan amable de acompañarme en mi paseo en ascensor?

TERRA   *(Levantándose.)*   Acepto agradecida, señor. Aparentemente, es el   5
único camino.

LUCIO   Aparentemente. Por aquí, señorita.

> *Va al fondo y abre la puerta.*

TERRA   Con tu permiso, Carola. *(Se dirige al fondo.)*

CAROLA   Usted lo tiene, señorita.   10

LUCIO   Hasta luego, Elpidio.

ELPIDIO   Que le vaya bien, señor.

> *Lucío y Terra salen y se alejan hacia el infinito*
> *bajo luz azulosa. Elpidio cierra la puerta y regresa a su*
> *mesa. La luz en escena recobra su intensidad normal y*   15
> *realista.*

CAROLA   Son cargantes.[60]

ELPIDIO   *(Armando el rompecabezas.)*   Lo son.

CAROLA   ¿Cómo va tu tarea?

ELPIDIO   Atrasada. ¿Y la tuya?   20

CAROLA   Igual. A éstos los han enviado ellos. Estoy convencida.

ELPIDIO   Desde luego.

CAROLA   Precisamente para eso, para atrasarnos la tarea.

ELPIDIO   O para algo peor.

CAROLA   ¿Peor?   25

ELPIDIO   Tentarnos.

CAROLA   Tentarnos, sí. *(Levantándose.)* ¿Quieres algo?

ELPIDIO   Nada.

CAROLA   Como no comiste . . .

> *Se acerca a la mesa de Elpidio.*   30

ELPIDIO   Sigo sin ganas.[61]

---

[60] *Son cargantes* They are a nuisance.   [61] *Sigo sin ganas* I'm still not hungry.

CAROLA   ¿Terminarás eso algún día?

ELPIDIO   No.

CAROLA   Pero hay que hacerlo.

ELPIDIO   Sí.

Carola suspira y regresa a su mesa.   5

CAROLA   *(Sentándose.)*   Es ridículo. No hubo Amanda alguna en tu vida.

ELPIDIO   No.

CAROLA   No hubo música.

ELPIDIO   No.

CAROLA   No hubo Orestes alguno en mi vida.   10

ELPIDIO   No.

CAROLA   No hubo poesía.

ELPIDIO   No.

CAROLA   No. *(Midiendo la cinta.)* Menos uno, menos dos, menos tres . . .
(Suena el timbre de la puerta. Carola interrumpe su tarea.) ¿Oyes?   15

ELPIDIO   Sí.

CAROLA   ¿Habrán terminado ya su paseo?

ELPIDIO   Parece.

CAROLA   Son cargantes.

ELPIDIO   Lo son.   20

CAROLA   ¿Qué hago?

ELPIDIO   Lo que quieras.

CAROLA   ¿Abro?

ELPIDIO   Si así lo deseas.

Carola se levanta. Va al fondo y abre. Aparecen   25
Cuprila y Landrilo. En el pasillo, en vez de la luz azul,
hay ahora una luz rojiza y se oyen unos acordes
cortos de música atonal. Ambos visten de negro;
mayores en edad que Terra y Lucío, menores que
Elpidio y Carola. Sus rostros y manos están   30
maquillados de blanco mortuorio igual que los
de Carola y Elpidio. Al verlos, Carola da
un grito de espanto y retrocede. Elpidio se levanta
y se vuelve al grito de Carola. Cesan los acordes de
música atonal.   35

CUPRILA Y LANDRILO *(Al unísono.)*[62]   Buenas tardes.

> *Entran decididos, y la puerta se cierra tras de ellos.*

LANDRILO   Ella es Cuprila.

CUPRILA   El es Landrilo.

ELPIDIO   ¿Quienes son ustedes?   *5*

CUPRILA Y LANDRILO *(Al unísono.)*   Somos los inspectores.

> *Cuprila sale rápidamente hacia la cocina, Landrilo*
> *hacia la habitación del primer término izquierda.*
> *Elpidio y Carola se miran atemorizados. Se acercan*
> *con lentitud uno al otro y al fin se abrazan   10*
> *estrechamente.*

CAROLA   Los inspectores.

ELPIDIO   Sí, los inspectores.

CAROLA   ¿Y la tarea?

ELPIDIO   ¿La tarea?   *15*

> *Se separan bruscamente. Cada cual va a su mesa y*
> *se sienta. Carola mide la cinta y Elpidio arma el*
> *rompecabezas.*

CAROLA *(Midiendo.)*   Menos seis, menos siete, menos ocho . . .

> *Entran Cuprila por la derecha y Landrilo por la   20*
> *izquierda. Ambos hacen apuntes en pequeñas libretas*
> *negras.*

CUPRILA *(Hablando mientras escribe.)*   Se quemó algo en el incinerador hoy, algo que no es lo de rutina,[63] algo anómalo, sin duda, y contrario al reglamento.   *25*

LANDRILO *(Hablando mientras escribe.)*   Hace tres días que no se usa el televisor, tres días que no se ven los programas obligados, tres días sin estudiar en la pantalla las técnicas precisas. *(Acercándose a Elpidio.)* ¿Cómo va esa tarea?

ELPIDIO *(Humilde, sin mirarlo.)*   Se hace lo que se puede.   *30*

LANDRILO *(Autoritario.)*   ¡No basta eso! Hay que hacer más de lo que se puede. ¿Pero cómo va a hacerlo si no estudia el programa en el cual se televisan las técnicas de armar un rompecabezas? No, no, esa pieza no va ahí. No sea torpe.

CUPRILA *(A Carola.)*   Hay retraso en su labor.   *35*

---

[62] *Al unísono* In unison.   [63] *algo que no es lo de rutina* something that is not customary.

CAROLA   No es fácil.

CUPRILA   Por su facilidad se le asignó esta tarea. Es usted lenta.

CAROLA   *(Midiendo nerviosa.)*   Hago lo que puedo.

CUPRILA   No es suficiente. Si se dedicara a su labor con ahinco, en vez de
recibir e incinerar material peligroso. ¡Cuidado! Ha medido usted un   5
décimo de centímetro de más. No sea torpe.

LANDRILO   *(A Elpidio.)*   ¿Y la habitación?

CUPRILA   *(A Carola.)*   ¿Está ya lista la habitación?

ELPIDIO   *(A Landrilo.)*   ¿Qué habitación?

CUPRILA   *(A Carola.)*   La nuestra, desde luego.   10

ELPIDIO   *(A Landrilo.)*   ¿Pero esa habitación . . . ?

LANDRILO   Sí, claro.

CAROLA   *(A Cuprila.)*   Nunca nos explicamos el motivo de esa habitación
única en el piso de arriba.

LANDRILO   ¿Está lista?   15

ELPIDIO   *(A Landrilo.)*   Hay un problema . . .

CAROLA   *(A Cuprila.)*   Tenemos huéspedes, ¿sabe usted?

CUPRILA   Imposible. En el apartamiento no se pueden admitir animales,
niños, ni huéspedes.

LANDRILO   ¿Es que no conoce usted el reglamento?   20

ELPIDIO   Sí, pero nosotros . . .

CUPRILA   *(A Carola.)*   Esa violación puede costarles el apartamiento.

LANDRILO   *(A Elpidio.)*   ¿Desea usted que le eche del apartamiento?

ELPIDIO   No, no, en modo alguno.

CAROLA   *(A Cuprila.)*   No somos responsables. Esos jóvenes llegaron . . . 25

CUPRILA   Nadie puede llegar hasta el apartamiento.

LANDRILO   ¿Sabe usted cuáles son las alternativas?

ELPIDIO   ¿Alternativas?

LANDRILO   Pierde el apartamiento con todas sus conveniencias y entonces
se expone, bien al Templo Incinerador donde se borrará todo rastro de su   30
ser[64] o al planeta Deserticus donde tendrá usted que crear su propia
civilización.

ELPIDIO   *(Horrorizado.)*   ¡No, no! ¡Eso no!

---

[64] *todo rastro de su ser* every trace of your existence or being.

LANDRILO   Y usted no está en condiciones[65] de crear nada.

ELPIDIO   Eso es. Nada. Nada.

CUPRILA   Decídase, pues. O se atiene al reglamento que rige la posesión del apartamiento o . . .

CAROLA   Eso es. Eso es. Yo me atengo al reglamento. Yo me atengo al reglamento.   5

LANDRILO   ¿Y la memoria?

ELPIDIO   ¿Qué memoria?

LANDRILO   Lo que era *su* memoria.

ELPIDIO   Yo no tengo memoria.   10

CUPRILA   ¿Y el pasado?

CAROLA   ¿Qué pasado?

CUPRILA   Lo que era *su* pasado.

CAROLA   Yo no tengo pasado.

LANDRILO   ¿Ha evocado usted . . . ?   15

CAROLA *(A Landrilo.)*   No, no, no.

CUPRILA   ¿Ha conjurado usted . . . ?

ELPIDIO *(A Landrilo.)*   No, no, no.

CUPRILA Y LANDRILO *(Al unísono.)*   ¿Ha intentado usted hacer encarnar sus recuerdos?   20

ELPIDIO Y CAROLA *(Al unísono.)*   No, no, no.

LANDRILO   ¿Y su voluntad?

ELPIDIO   ¿Qué voluntad?

LANDRILO   Lo que era *su* voluntad.

ELPIDIO   Yo no tengo voluntad.   25

LANDRILO   ¿La tuvo alguna vez?

ELPIDIO   Nunca la tuve.

CUPRILA   ¿Y su poder creador?

CAROLA   ¿Qué poder creador?

CUPRILA   Lo que era *su* poder creador.   30

CAROLA   Yo no tengo poder creador.

CUPRILA   ¿Lo tuvo alguna vez?

---

[65] *en condiciones* in any condition.

CAROLA   Nunca lo tuve.

LANDRILO   ¿Vamos?

CUPRILA   Vamos.

> *Ambos se dirigen rápidamente a la escalera, suben*   5
> *y salen. Elpidio y Carola quedan temblorosos y*
> *anonadados. Se miran, se levantan, avanzan uno hacia*
> *el otro, se abrazan y lloran en silencio. Pausa.*

CAROLA   ¿Perderemos el apartamiento?

ELPIDIO   ¡No! ¡No!

> *Lloran abrazados. Se abre lentamente la puerta del*   10
> *fondo y aparecen Lucío y Terra. El fondo infinito del*
> *pasillo es ahora azul. Avanzan y se sitúan a ambos*
> *lados de la pareja: Terra junto a Carola, Lucío junto a*
> *Elpidio. Sus rostros expresan una gran conmiseración.*
> *Elpidio y Carola se dan cuenta de la presencia de los*   15
> *otros.*
> *Se sobrecogen,[66] se separan y empiezan a retro-*
> *ceder: Carola hacia la derecha, Elpidio hacia la*
> *izquierda, huyendo ella de Terra, él de Lucío, con los*
> *brazos extendidos hacia el frente como para pro-*   20
> *tegerse de algo que les amenaza.*

CAROLA   *(En voz baja.)*   No. No. No.

ELPIDIO   *(En voz baja.)*   No. No. No.

> *Salen, Carola por la derecha, Elpidio por la*
> *izquierda. Bajan las luces normales. Terra se queda*   25
> *mirando hacia la derecha, Lucío hacia la izquierda.*
> *Se vuelven. Terra mira a la mesa de Carola, Lucío a la de*
> *Elpidio. Se miran entre sí. Lucío va al fondo, cierra la*
> *puerta, se dirige a la mesa de Elpidio y se sienta. Terra*
> *se mueve hacia la mesa de Carola, se sienta y empieza*   30
> *a medir la cinta. Lucío reanuda la tarea de Elpidio de*
> *armar el rompecabezas. Sobre ambos hay ahora luz*
> *violácea.*

TERRA   *(Midiendo.)*   Menos seis, menos siete, menos ocho, menos nueve. . .
(Se interrumpe.) Elpidio. *(Pausa.)* Elpidio.   35

LUCIO   *(Sin interrumpir su tarea.)*   Sí , Carola.

---

[66] *Se sobrecogen* They become terrified.

TERRA ¿Es cierto?

LUCIO ¿Cierto?

TERRA ¿Es cierto que hubo una vez un compositor famoso?

LUCIO Siempre hubo un compositor famoso.

TERRA *(Midiendo.)* Menos trece, menos catorce, menos quince . . . 5

LUCIO *(Interrumpiendo su tarea, pero sin mirar a Terra.)* Carola. *(Pausa.)* Carola.

TERRA *(Interrumpiendo su tarea.)* Sí, Elpidio.

LUCIO ¿Es cierto?

TERRA ¿Cierto? 10

LUCIO ¿Es cierto que hubo una vez una poetisa famosa?

TERRA Siempre hubo una poetisa famosa. *(Lucío vuelve a su rompecabezas y Terra a medir la cinta. Empiezan a bajar las luces de escena.)* Menos dieciocho, menos diecinueve, menos veinte . . .

> *Bajan ahora rápidamente todas las luces mientras* 15
> *se oye la música del tema indio. Apagón total* [67]
> *mientras sigue oyéndose la música. Bajo una luz azul*
> *aparece, en el fondo centro, frente a la puerta cerrada*
> *y a espaldas de Lucío y Terra, Tlo, indio de*
> *Iberoamérica. Es alto, fornido y altivo. Lleva atuendo* 20
> *lujoso de príncipe que puede ser azteca, maya o inca*
> *(o, mejor, una combinación estilizada de estas tres*
> *civilizaciones de la América precolombina). Lleva*
> *corona de plumas, oro y piedras preciosas y un gran y*
> *largo manto azul celeste con adornos de oro.* 25
> *Permanece de frente,* [68] *inmóvil. Con los brazos*
> *cruzados al pecho. Las luces de escena van*
> *paulatinamente encendiéndose y aumentando a*
> *intensidad normal mientras se va desvaneciendo la*
> *música y la luz azul. Entra Carola por la derecha y al* 30
> *ver a Tlo da un grito tremendo. Lucío y Terra se*
> *levantan alarmados. Por la izquierda aparece Elpidio.*

ELPIDIO ¿Qué ocurre?

CAROLA *(Retrocediendo, en voz baja.)* No. No. No.

> *Terra va a ella.* 35

---

[67] *Apagón total* Complete blackout. [68] *Permanece de frente* He remains facing the audience.

TERRA   ¿Qué tienes, Carola?

CAROLA   *(Retrocediendo, en voz baja.)*   Ahí. El. Ahí.

> Carola señala a Tlo. Todos se vuelven y lo ven.
> Carola se refugia en los brazos de Terra.

ELPIDIO   ¿Y eso?   5

LUCIO   ¿Quién es éste?

ELPIDIO   ¿Por dónde entró ese individuo?

CAROLA   Apareció ahí, ahí.

ELPIDIO   ¡Imposible! La puerta estaba cerrada.

> Avanzando un paso hacia Tlo.   10

CAROLA   ¿Y qué importa? Hoy esa puerta . . .

ELPIDIO   *(A Tlo.)*   ¿Quién es usted?

> Tlo permanece inmóvil y silencioso.

LUCIO   ¿Quién eres? ¡Habla!

> Tlo no contesta.   15

TERRA   ¿Quién te envía al apartamiento?

ELPIDIO   Ellos, sin duda. Ellos.

LUCIO   ¿Te ha llamado alguien aquí? Contesta.

TERRA   ¿Cuál es tu nombre? ¿Quién eres? Dilo.

TLO   Soy Tlo, indio de América.   20

CAROLA   ¿Tlo?

TERRA   ¿Tlo? Es un nombre poético.

LUCIO   ¡Tlo! Es un nombre musical.

ELPIDIO   ¿A qué ha venido usted?

TLO   *(Sin énfasis, con naturalidad.)*   He venido a matar.   25

> Carola y Terra, abrazadas, instintivamente
> retroceden un paso.

LUCIO   ¿A matar?

ELPIDIO   ¿Matar a quién?

TLO   A *ellos*.   30

CAROLA   ¿A . . . ellos?

> *Se desmaya. Terra la sostiene. Elpidio y Lucío*
> *acuden presurosos. Lucío toma a Carola en brazos.*

ELPIDIO   Por aquí. Por aquí.

> *Lucío sale con Carola por la izquierda. Le sigue*   5
> *Elpidio. Terra se dirige a la izquierda. Se detiene y se*
> *vuelve. Mira a Tlo y sonríe. Y extendiendo la mano*
> *desde lejos hacia él, dice:*

TERRA   Tlo

> *Sale por la izquierda.*   10

> *Tlo permanece inmóvil unos segundos.*
> *Pausadamente, con rostro impávido, se dirige a la*
> *escalera.*
> *Se detiene en el primer escalón. Mira hacia lo alto*
> *de la escalera. Con gestos lentos, deliberados, saca un*   15
> *cuchillo de piedra y empieza a subir lentamente sin*
> *apartar su vista de lo alto. Sale.*
> *Entra Elpidio por la izquierda. Mira, y al no ver a*
> *Tlo, se dirige a su mesa, se sienta y reanuda la tarea de*
> *armar el rompecabezas. Entra Lucío por la izquierda.*   20
> *Observa a Elpidio por unos segundos. Se acerca a él y*
> *se sitúa a sus espaldas. Baja la intensidad normal de la*
> *luz en escena y aparece una tenue luz azulosa sobre*
> *Elpidio. Lucío con gestos suaves apoya sus manos en*
> *los hombros de Elpidio y murmura:*   25

LUCIO   Maestro. *(Elpidio sigue absorto en su tarea.)* Maestro, he venido a ti . . . *(Se detiene.)* He venido a ti en busca de la salvación.

ELPIDIO   *(Alzando la cabeza.)*   ¿Salvación? ¿Qué voz es esa? ¿Quién habla de salvación?

LUCIO   *(Siempre detrás de Elpidio.)*   Es mi voz, Elpidio. Es tu voz, una voz   30
sin raíces que ha traicionado su misión.

ELPIDIO   *(Mirando al vacío.)* ¿Misión? ¿Misión? No hay misión alguna . . .

LUCIO   Sí, la misión de no desperdiciar la vida, la misión de crear, de utilizar el talento que nos fuera dado en el acto salvador de la creación. Yo te   35
abandoné, es cierto. Eras sostén de mi espíritu y te abandoné. Me despreciaste entonces. Me rechazaste. Todo eso lo merecía yo. Pero vengo hoy de la región remota del sueño en busca de salvación. *(Se mueve enfrentándose a Elpidio.)* No me rechaces ahora, maestro.

ELPIDIO *(Mirándole.)*   ¿Quién eres tú?

LUCIO   Soy Lucío.

ELPIDIO *(Con tristeza.)*   No te conozco, Lucío.

LUCIO *(Poniendo una rodilla en tierra e inclinando la cabeza ante Elpidio.)* Dame la salvación.   5

ELPIDIO   ¿Qué es la salvación?

LUCIO   Tú eres la salvación para mí.

ELPIDIO   Pero tú no existes, Lucío.

LUCIO   Existo puesto que me hablas.

ELPIDIO   Te hablo, pero no existes. No eres ni siquiera un recuerdo. No has   10
existido nunca en verdad.

LUCIO   No reniegues de mí, maestro. Soy hechura tuya.[69] Tú me has
llamado. Soy parte de tu creación. Ayúdame a ser. Enséñame a crear.
Enséñame creando tú. Crea tú, Elpidio, crea de nuevo.[70] Tus manos sobre
el teclado, tus manos haciendo milagros. Tus manos, maestro, tus manos   15
creadoras, tus manos salvadoras.

> Le besa, llorando, las manos a Elpidio.

> Elpidio aparta suavemente las manos, las mira y se
> va poniendo de pie. Lucío alza la cabeza y le observa
> esperanzado. Elpidio da un paso observando sus   20
> manos; las alza hasta el nivel de sus ojos. Su mirada se
> enciende, sus labios empiezan a iluminarse con una
> sonrisa, sus manos siguen alzándose, alzándose
> triunfales al cielo.

LUCIO *(Levantándose.)*   Sí, maestro. Hélas aquí.[71] Tuyas realmente. Tus   25
manos, tus manos que vuelven a adquirir vida para darnos la salvación.

> Las manos en el aire empiezan a temblar. La
> mirada de Elpidio empieza a apagarse, la sonrisa en
> sus labios a desaparecer. Las manos temblorosas
> bajan, bajan, bajan. Luego se cierran, se hacen puños   30
> y van a golpear el vientre mientras el cuerpo se dobla.

---

[69] *Soy hechura tuya* I am a creation of yours.   [70] *Enséñame creando tú. Crea tú, Elpidio, crea de nuevo.* Teach me to create something. Teach me, by creating something. Create, Elpidio, create something again.   [71] *Hélas aquí* Here they are.

LUCIO   *(Angustiado.)*   No, maestro, no lo permitas. Sálvate. Sálvanos.

> *Elpidio va a la mesa, se derrumba en la silla, mira el rompecabezas y empieza a trabajar en él.*

LUCIO   *(Desesperado.)*   ¡No, Elpidio, no!

> *Se vuelve hacia el fondo y oculta el rostro entre las* 5
> *manos. La luz azulosa desaparece sobre Elpidio. Y*
> *suben las luces en escena.*[72]
> *Elpidio se absorbe en su rutinaria labor.*
> *Proviniendo del piso de arriba se oye un alarido*
> *salvaje. Elpidio se levanta. Lucío alza la cabeza.* 10
> *Vuelve a oírse el alarido.*

LUCIO   ¡Tlo!

> *Lucío corre a la escalera, sube y sale. Elpidio se*
> *dirige a la escalera, sube mirando extrañado a lo alto*
> *y sale. Breve intervalo. Por la izquierda entra Terra* 15
> *conduciendo a Carola. La lleva a la butaca y la ayuda*
> *a sentarse.*

TERRA   ¿Te sientes bien ya? *(Carola asiente.)* ¿Quieres algo?

CAROLA   Un poco de agua, por favor.

TERRA   La traeré en seguida. *(Sale por la derecha.)*   20

> *Carola recuesta la cabeza sobre el espaldar de la*
> *butaca, sonríe a medias y murmura:*

CAROLA   Terra. Es un nombre extraño. Terra. Terra.

> *Entra Terra con un vaso de agua.*

TERRA   ¿Me llamabas?   25

CAROLA   No, señorita. Repetía su nombre. *(Toma el vaso y bebe.)* Gracias.

> *Le devuelve el vaso a Terra quien lo deja sobre una*
> *mesa. Al volverse, Terra se da cuenta de que Carola*
> *ha cerrado los ojos. La contempla un instante. Va y se*
> *sitúa detrás de ella. Con la punta de los dedos* 30
> *empieza a darle un suave masaje en las sienes.*

> *Bajan las luces y hay sobre Carola una tenue luz*
> *azul.*

---

[72] *Y suben las luces en escena* And the lights grow brighter on stage.

TERRA   ¿Sueñas Carola? Yo vengo de la remota región del sueño. Me has invocado. Y aquí estoy. Orestes . . .

CAROLA *(En un susurro.)*   Elpidio.

TERRA *(Sonriendo.)*   Ah, sí, Elpidio. ¿Cómo conociste a Elpidio? Nunca lo supe, Carola.   5

Suena lejano tema musical indio.

CAROLA *(Sin abrir los ojos.)*   Fue . . . Fue un domingo. En la muralla más alta del Morro.[73] Yo contemplaba el mar. Me seducía el abismo, la furia implacable del mar. Una pareja avanzaba por la muralla. Ella era extraordinariamente hermosa y estaba vestida de azul. Y él era . . . él.   10 ◄Marido y mujer►— pensé —.◄Linda pareja►. Y él vino a mí. Abajo el mar batía su furia de siglos, arriba el cielo era infinitamente azul. ◄Señorita, por favor, está usted en peligro. Puede usted caer en el abismo►. Había angustia en sus ojos. Y prosiguió su paseo con la mujer hermosa vestida de azul.   15

TERRA   ¿Y era cierto lo del abismo?

CAROLA   ¿Caer en el abismo? No. Del abismo había salido yo. ¿Para qué volver a él? Pero hubo otro domingo. En el Morro también. Yo contemplaba el mar. Un hombre avanzaba solo por la muralla. Era él, desde luego. Vino a mí y en silencio rodeó mi cintura. Y así, en silencio,   20 juntos contemplamos el mar.

TERRA   ¿Y la esposa? ¿La esposa vestida de azul?

CAROLA   Era sólo su querida. Y ese domingo era yo quien vestía de azul.

TERRA   Linda historia, Carola. ¿Y hubo hijos?

CAROLA   Cuatro. Dos varones y dos niñas. Y hubo nietos, creo.   25

TERRA   ¿Dónde están?

CAROLA   No sé. No lo sé. Fue entonces que ellos se hicieron cargo.[74] Se hicieron cargo de todo. Y en el apartamiento no se permiten hijos, nietos . . . ni recuerdos. *(Se estremece.)* ¿Recuerdos? *(Abre los ojos sobresaltada.)* ¿Quién habla de recuerdos? *(Agitada.)* ¿De dónde viene esa   30 voz?

TERRA   Es mi voz que es tu voz.

CAROLA   No conozco esa voz.

TERRA *(Moviéndose para enfrentarse a Carola.)* La conoces, Carola.

CAROLA *(Mirándola por vez primera.)* ¿Quién eres?   35

---

[73] *En la muralla más alta del Morro* On the highest wall of Morro Castle, (an old Spanish fort. located on the harbor of San Juan, Puerto Rico.)   [74] *ellos se hicieron cargo* they took charge.

TERRA   Soy Terra.

CAROLA   No te conozco, Terra.

TERRA   Dame la salvación.

CAROLA   ¿Qué es la salvación?

TERRA   Tú eres la salvación para mí.   5

CAROLA   Pero tú no existes, Terra.

TERRA   Existo puesto que me hablas.

CAROLA   Te hablo, pero no existes. No eres ni siquiera un recuerdo. No has existido nunca en verdad.

TERRA   No reniegues de mí, Carola. Soy hechura tuya. Tú me has llamado.   10
Soy parte de tu creación. Y Orestes espera . . .

CAROLA   ¿Orestes?

TERRA   Espera también la salvación. La salvación que sólo tú puedes darnos. Ayúdanos a ser . . .

CAROLA   ¿Ser? Tú nunca fuiste, Terra. Y nunca existió nadie de nombre   15
Orestes.

TERRA   *(Arrodillándose ante Carola.)* Sálvate, Carola. Aún es tiempo. Sálvate, salvándonos a nosotros. Crea otra vez, crea. Tus manos creadoras pueden romper el hechizo. Tus manos otra vez en el acto sagrado, tus manos arrancándole a la creación poesía,[75] tus manos prodigando por   20
nuestra América el amor. Tus manos, Carola, tus manos creadoras, tus manos salvadoras.

> *Le besa, llorando, las manos a Carola.*
> *Carola retira con suavidad las manos y las mira*
> *asombrada. Lentamente, se va poniendo de pie.[76] Sus*   25
> *ojos se van iluminando, sus labios empiezan a sonreír*
> *mientras alza las manos. Terra se va poniendo de pie*
> *mientras observa esperanzada a Carola. Esta alza sus*
> *manos triunfales al cielo sin apartar de ellas la mirada.*

CAROLA   ¿Poesía? ¿Amor?   30

TERRA   Sí, eso, Carola. Tus manos: poesía, amor. Pasado. Recuerdos. Memorias. Mirasol, Montevideo, Jardines de Chapultepec. Tu vida. Triunfo. Amor. Creación.

> *Las manos de Carola empiezan a temblar. La*
> *mirada se va apagando, la sonrisa desapareciendo y las*   35

---

[75] *Tus manos otra vez en al acto sagrado, tus manos arrancándole a la creación poesía* Your hands again creating something sacred, your hands creating poetry.   [76] *se va poniendo de pie* she starts to get up.

*manos temblorosas bajan, bajan. De pronto, Carola se
cubre el rostro con las manos y deja escapar un
sollozo.*

CAROLA   No hay nada. Nunca hubo nada.

Cesa la música y desaparece la luz azul.   5

TERRA *(Abrazándola por la espalda,[77] en grito de angustia.)*   No, Carola,
no lo permitas.

CAROLA   Déjeme usted, por favor. *(Se desprende de Terra y
tambaleándose va a su mesa y se sienta.)* Yo soy la que mide la cinta azul.

La escena recobra su luz intensa y normal.   10

TERRA *(Desesperada.)*   ¡No, Carola, no!

*Carola en silencio mide la cinta. Terra se vuelve
hacia el fondo e inclina la cabeza con gesto de
desesperada derrota.
En lo alto de la escalera aparece Tlo con las manos   15
atadas a la espalda, pero conservando su actitud
altiva. Detrás, baja Landrilo. Se oye música
estridente y atonal. Le sigue Cuprila. Los tres bajan.
Cuprila y Landrilo llegan a primer término derecha.
En lo alto de la escalera aparece Elpidio, quien baja,   20
con aire derrotado, se dirige a su mesa y se sienta.
Aparece en lo alto de la escalera Lucío, quien baja
lentamente hasta la mitad de los escalones y allí se
detiene. Mientras tanto, Tlo se ha colocado
de espaldas, en el fondo entre el panel de   25
la puerta de entrada y la puerta de la
cocina, siempre erguido y altivo. Cesa la música
atonal.*

CUPRILA   ¿Qué hacemos con esta reminiscencia atávica?[78]

LANDRILO   No tenemos instrucciones.   30

CUPRILA   Puede ser peligroso.

LANDRILO   ¿Eso? *(Se encoge de hombros.)* Prosigamos la inspección.

Se dirige a la cocina.

CUPRILA *(Por Lucío y Terra.)*   ¿Y éstos?

---

[77] *por la espalda* from behind.   [78] *reminiscencia atávica* primitive relic.

LANDRILO   Sobre ésos sí tenemos instrucciones.[79] Cada cosa a su tiempo.

> *Sale por la derecha y le sigue Cuprila.*
> *Carola mide la cinta. Elpidio arma el*
> *rompecabezas. Terra alza la cabeza y ve a Lucío en la*
> *escalera. Le mira sorprendida. Da un paso indeciso*   5
> *hacia él. Sobre la escalera va apareciendo una*
> *romántica luz violácea mientras bajan un poco las*
> *luces de la escena. Se oye lejana música de tema*
> *indio.*

TERRA   ¿Orestes?   10

LUCIO *(Como viéndola por vez primera, bajando a medias*[80] *un escalón.)*   ¿Amanda?

TERRA *(Extendiendo una mano y dando dos pasos hacia la escalera.)*   ¿Eres . . . el amor?

LUCIO   Soy sólo la música. *(Extendiendo una mano hacia ella.)* Y tú, ¿eres   15
el amor?

TERRA *(Subiendo un escalón.)*   Sólo la poesía soy.

LUCIO *(Tocando la mano extendida de Terra y atrayéndola hacia sí mientras retrocede él subiendo un escalón.)*   Yo vengo de la región remota del
sueño.   20

TERRA   A la región remota del sueño voy.

> *El retrocede y ella avanza, las manos extendidas de*
> *ambos entrelazadas.*

LUCIO *(Subiendo en retroceso, siempre atrayendo a Terra hacia sí.)*   Yo
vuelvo a hundirme en el sueño,[81] Terra.   25

> *Sale de espaldas.*

TERRA *(Siempre avanzando hacia él, sin soltarle la mano.)*   En el sueño,
Lucío, vuelvo a hundirme yo.

> *Sale. Desaparece la luz violácea en la escalera, y*
> *cesa el tema indio.*   30
> *Por la derecha entran Landrilo y Cuprila. Al entrar*
> *ellos suben las luces realistas en escena.*

LANDRILO   El arma su rompecabezas.

---

[79] *Sobre ésos sí tenemos instrucciones* Yes, indeed, we have instructions for those two.   [80] *a medias* scarcely, barely.   [81] *Yo vuelvo a hundirme en el sueño* I am going to sink again into the world of dreams.

CUPRILA   Ella mide su cinta azul. *(Pausa breve.)* ¿Y ahora?

LANDRILO   Sólo nos queda una tarea que cumplir.

> *Mira en derredor buscando algo, a Tlo quien*
> *permanece inmóvil y erguido, y toma de su mano*
> *atada el puñal.*   5
> *Se dirige decidido a la escalera. Se detiene en el*
> *primer escalón, mira hacia arriba y sube rápidamente*
> *seguido de Cuprila. Ambos salen.*

TLO   Yo matar. *(Se vuelve a medias.)* Yo matar.

> *Se oye la música con tema indio.*   10

CAROLA   Elpidio. *(Pausa.)* Elpidio.

ELPIDIO   Sí, Carola.

CAROLA   El indio, ¿está llorando?

ELPIDIO   Los indios de América no lloran.

CAROLA   ¿Es azteca?   15

ELPIDIO   No lo sé.

CAROLA   Maya acaso.

ELPIDIO   No lo sé.

CAROLA   ¿Podría ser inca?

ELPIDIO   No lo sé.   20

CAROLA   ¿Guaraní,[82] quizás?

ELPIDIO   No lo sé.

CAROLA   ¿Taíno[83] entonces?

> *Elpidio alza la cabeza bruscamente.*

ELPIDIO   No lo sé.   25

CAROLA   ¿Se va a quedar aquí?

ELPIDIO   Tampoco lo sé.

CAROLA *(como en secreto.)* ¿Y, Elpidio, por qué estará él en este apartamiento?

---

[82] *Guaraní* One of the group of Tupian Indian tribes, formerly occupying most of the valleys of the Paraguay, Paraná and Uruguay rivers, between the Tropic of Capricorn and northern Uruguay.   [83] *Taíno* Indian of the extinct aborigines of the Greater Antilles and the Bahamas, especially Haiti.

ELPIDIO   No tenga la menor idea.

CAROLA   Tú . . . no lo llamaste, ¿verdad?

ELPIDIO   No.

CAROLA   Tampoco yo.

ELPIDIO   Naturalmente, no podemos llamar a nadie.   5

CAROLA   ¿Entonces?

ELPIDIO   Será . . . quizás . . . *(Alzando la cabeza y mirándola.)* Nuestra conciencia.

CAROLA   *(Alarmada.)*   ¡No, Elpidio!

ELPIDIO   *(Disculpándose.)*   Quise decir . . . conciencia histórica. *(Baja la*   10 *cabeza y sigue en su tarea.)*

CAROLA   Pero no debemos tenerla.

ELPIDIO   Ya lo sé.

CAROLA   *(Tímidamente.)*   ¿Lo que fuimos? *(Elpidio calla. Ella habla más tímidamente.)* ¿Lo que deberíamos ser, o . . . por lo menos no haber   15 olvidado?

ELPIDIO   *(Bruscamente, levantándose.)*   ¡No he dicho eso! ¡No lo he dicho!

CAROLA   No dije que lo dijeras. *(Melosa.)* Pero sí dijiste ‹conciencia histórica›.   20

ELPIDIO   *(Sentándose.)*   Es una frase estúpida. No tiene sentido. Olvídala. *(Arma el rompecabezas.)*

CAROLA   *(Insinuante.)*   Nosotros . . . no podemos tener eso, ¿verdad?

ELPIDIO   *(Sécamente.)*   No.

CAROLA   Pero *él* está aquí.   25

ELPIDIO   *(Distraído.)*   ¿Quién?

CAROLA   El indio.

ELPIDIO   ¿Y qué nos importa? Es como si no estuviera.

CAROLA   Pero, Elpidio . . .

ELPIDIO   *(Indignado.)*   ¡Cállate ya! ¿Por qué insistes siempre en olvidar las   30 reglas?

CAROLA   *(Levantándose en rebelión.)*   Es que las reglas ya para mí no tienen sentido.

ELPIDIO   *(Terminante.)*   No seas estúpida. Precisamente para eso se hicieron. *(Casi amable.)* Y ahora, por favor, calla y atente a lo tuyo. Estás   35 interrumpiendo mi tarea.

CAROLA   *(Sentándose, humilde.)*   Perdona. *(Pausa. Ambos trabajan en sus inútiles tareas.)*

TLO, INDIO DE IBEROAMERICA   Yo matar.

CAROLA   ¿Pudo matar al fin?

ELPIDIO   No.   5

CAROLA   Es lástima. Quizás . . .

TLO   Por siglos yo he querido matarlos. No he podido aún. Pero algún día yo podré. Algún día mataré.

CAROLA   ¿Podrá algún día, Elpidio?

ELPIDIO   No lo sé, Carola. No lo sé.   10

TLO   ¡Los mataré a ellos!   ¡Los mataré!

Bajan las luces normales.

CAROLA   ¿Los matará, Elpidio?

ELPIDIO   Imposible saberlo. ¡Imposible!

CAROLA   Yo lo sé.   15

ELPIDIO   ¿Lo sabes?

CAROLA   Los matará.

ELPIDIO   ¿Los matará?

CAROLA   Algún día.

TLO   *(Volviéndose de frente.)*   Los mataré.   20

*Cesa la música de tema indio.
Por la escalera Landrilo con el cuerpo inerte de
Lucío al hombro, como un fardo. Al aparecer él,
surge luz rojiza en la escalera y se oye música atonal y
estridente. Detrás de él, baja Cuprila con el cuerpo*   25
*inerte de Terra al hombro, como un fardo. Landrilo
abre la puerta del fondo y sale. Detrás de él sale
Cuprila dejando la puerta abierta. En el pasillo se ve
ahora una luz rojiza en vez de la acostumbrada luz
azulosa. Elpidio, Carola y Tlo han ignorado esta*   30
*maniobra. Tlo permanece inmóvil. Elpidio y Carola
prestan atención a sus respectivas tareas.*

CAROLA   Elpidio. *(Pausa.)* Elpidio.

ELPIDIO   Calla y mide la cinta azul.

CAROLA   Menos veintiuno, menos veintidós, menos veintitrés, menos   35
veinticuatro . . .

*Entran Landrilo y Cuprila por el fondo cuya
puerta ha quedado abierta. El se sitúa*

> *detrás de Elpidio, ella detrás de Carola. Cesa*
> *la música atonal.*

CUPRILA   Hemos decidido . . .

LANDRILO   Permitirles seguir gozando . . .

CUPRILA   Del apartamiento.   5

LANDRILO   Pero nada de distracciones.

CUPRILA   Nada de violaciones.

LANDRILO   Nada de conjuraciones.

CUPRILA   Nada de evocaciones.

LANDRILO   El rompecabezas.   10

CUPRILA   La cinta azul.

ELPIDIO   *(Tímidamente.)*   Señor . . .

LANDRILO   Diga.

ELPIDIO   ¿Y él?

LANDRILO   ¿Quién?   15

ELPIDIO   El indio de América.

CAROLA   ¿Va a vivir aquí?

CUPRILA   No.

LANDRILO   Va a morir aquí.

ELPIDIO   ¿Morir?   20

CAROLA   ¡Imposible!

CUPRILA   Morirá.

LANDRILO   Lo matarán ustedes.

> *Deja el cuchillo ensangrentado sobre la mesa de*
> *Elpidio.*   25

ELPIDIO   *(Horrorizado.)*   ¿Matarlo?

CAROLA   *(Horrorizada.)*   ¿Nosotros?

LANDRILO   Ustedes.

CUPRILA   Ustedes.

LANDRILO   Pueden echar el cadáver en el incinerador.   30

CUPRILA   Eso es, en el incinerador.

LANDRILO   *(Señalando a Cuprila.)*   Esta es Cuprila.

CUPRILA *(Señalando a Landrilo.)*   Este es Landrilo.

LANDRILO Y CUPRILA *(Al unísono.)*   Buenas tardes.

> *Se vuelven simultáneamente al fondo y salen. La*
> *puerta se cierra tras de ellos.*
> *Elpidio y Carola se miran espantados. Elpidio se levanta.*   5

ELPIDIO   No puede ser. ¿Matar?

> *Toma con horror el cuchillo.*

CAROLA   ¿Qué vamos a hacer?

ELPIDIO   No sé.

CAROLA *(Se levanta, mirando a Tlo.)*   ¿Matarlo? *(Va hacia él.)* Míralo.   10
¡Es tan hermoso!

ELPIDIO   Cállate.

CAROLA   ¿Cómo lo haremos?

ELPIDIO   No sé.

CAROLA   ¿Ha de ser ahora?   15

ELPIDIO   No lo sé.

CAROLA   ¿Y por qué tiene que ser ahora?

ELPIDIO   Nadie ha dicho que tiene que ser ahora.

CAROLA   Eso es. Eso es lo que quiero decir.

ELPIDIO   ¿Qué quieres decir?   20

CAROLA   Ellos dijeron: ‹Lo matarán ustedes.›

ELPIDIO   Sí.

CAROLA   Pero no dijeron . . .

ELPIDIO   No dijeron hoy.

CAROLA   Eso es.   25

ELPIDIO   Ni mañana.

CAROLA   Eso es.

ELPIDIO   Ni pasado.[84]

CAROLA   ¡Claro!

ELPIDIO   Dejémosle, pues.   30

> *Deja caer el cuchillo al piso y se sienta a su mesa.*

---

[84] *Ni pasado* Nor the day after tomorrow.

CAROLA   Así es mejor, Elpidio.

> *Se sienta a su mesa. Pero se levanta de inmediato,*
> *recoge del piso el cuchillo y se dirige a Tlo.*

ELPIDIO *(Alarmado.)*   ¿Qué vas a hacer?

CAROLA   Lo que debo, Elpidio. *(Corta con el cuchillo la cuerda que ata las*   5
manos de Tlo.) Lo que debo. *(Coloca el cuchillo en la vaina que lleva Tlo*
al cinto. Sonríe. Tlo permanece impávido. Ella regresa rápidamente a su
mesa.) Todavía hay lugar para la fe, Elpidio.

> *Se sienta.*

ELPIDIO   La fe murió hace tiempo en nuestro mundo, Carola.   10

CAROLA   Ahora no estoy tan segura.

ELPIDIO   Calla, y mide tu cinta azul.

CAROLA   Sí, Elpidio. Y arma tú el rompecabezas.

> *Ambos se enfrascan en sus respectivas tareas.*[85] *Se*
> *oye el tema musical indio muy suave. Tlo se dirige a*   15
> *la puerta del centro. Hay una luz azul sobre él.*

TLO   ¡Los mataré!   ¡Los mataré algún día!   *(De espaldas, repite.)*   ¡Los
mataré!

> *Se va apagando la luz azul y sube la música india.*
> *Apagón total. Cesa la música. Suben las luces de*   20
> *escena a intensidad normal. Tlo ha desaparecido.*

CAROLA *(Se levanta.)*   Quizás él, el indio . . . *(Se vuelve. Ahoga un grito.)*
¡Elpidio! ¡Elpidio!

ELPIDIO   Sí.

CAROLA   Se fue.

ELPIDIO   ¿Quién?

CAROLA   El. Ha desaparecido.

ELPIDIO   Mejor. No tendremos que matarlo.

CAROLA *(Se sienta.)*   No era nuestra tarea matarlo. Estoy segura. *(Toma la*
cinta y se dispone a medir.) ¿Y nosotros?   30

ELPIDIO *(Absorto en su tarea.)*   ¿Nosotros?

CAROLA   ¿Cuándo llegará para nosotros?

---

[85] *Ambos se enfrascan en sus respectivas tareas* They are both deeply involved in their
respective tasks.

ELPIDIO   No lo sé.

Pausa estremecedora.

CAROLA   *(Mirando la cinta en sus manos.)*   Elpidio.

ELPIDIO   Sí.

CAROLA   ¿Crees tú que nos dará tiempo?   5

ELPIDIO   ¿Tiempo de qué?

CAROLA   A ti de armar el rompecabezas, y a mí de medir la cinta azul.

ELPIDIO   No lo sé realmente.

CAROLA   *(Suspirando se pone a medir.)*   Menos veinticinco, menos
veintiséis, menos veintisiete . . .   10

> Suena el timbre de la puerta del fondo. Ambos se
> levantan y se vuelven hacia la puerta. Suena el timbre.

CAROLA   *(Temblorosa.)*   ¿Y ahora?

ELPIDIO   No sé.

CAROLA   ¿Abro?   15

ELPIDIO   Abre.

CAROLA   *(Se levanta y se dirige al fondo. Se detiene y se vuelve.)*   Quizás
sea el final.

ELPIDIO   ¿La muerte, Carola?

CAROLA   O la liberación, Elpidio.   20

> Carola se dirige al fondo a apretar el botón que
> abre la puerta mientras cae muy rápidamente el

TELON

CUESTIONARIO

1. Indique el significado del decorado del apartamiento y el maquillaje de los
   personajes.
   a)   ¿Por qué no hay ventanas?
   b)   ¿Qué relación hay entre los diferentes ascensores, el apartamiento, y sus
        habitantes?

2. ¿Por qué tienen esa habitación única en el piso de arriba?

3. Explique la constricción revelada en la vida de los personajes de Carola y
   Elpidio.
   a)   ¿Cómo se comunican?
   b)   ¿Por qué han de atenerse Carola y Elpidio a su especialización?

4. ¿Cómo es que les enviaron cosas tan inútiles?

5. Explique el terror de los dos cada vez que suena el timbre.

6. El tema del indio se desarrolla a través de toda la obra. ¿Por qué?

7. ¿Hay indicaciones en el drama que nos revelan la verdad de la vida anterior de Elpidio y Carola a través de Lucío y Terra?

8. Compare a Lucío y a Terra con Landrilo y Cuprila.

9. ¿Qué tiene en mente el autor al mecanizar la rutina doméstica?

TEMA GENERAL

Escriba un ensayo sobre los «ellos» misteriosos en el drama.

The Theater in Chile

The vitality of the contemporary Chilean theater is due in large measure to the activities of two university groups, the Experimental Theater group of the University of Chile and the Experimental Theater of the Catholic University.

In the 1930's, the appearance of sound films (talking) challenged the old-fashioned customs of the Chilean theater, which still clung to the Spanish forms of the past century, and precipitated a crisis in the theater. As a result of this, and other factors during this decade, efforts were made to renovate old techniques. Students from different schools of the University, such as Law and Medicine, who were interested in the theater felt a need to experiment. They identified with the style of García-Lorca's great interpreter, the Spanish director-actress Margarita Xirgú, then in Chile with her dramatic company. This influence, coupled with the political changes in 1938, opened the door for a complete renewal of the theater at the start of the new decade. The group responsible for this was the *Teatro Experimental* of the University of Chile, today the *Instituto del Teatro de la Universidad de Chile* (ITUCH).

In June of 1941, the Experimental Theater of the National University of Chile was started by a group of students from the *Instituto Pedagógico*, directed by Pedro de la Barra. Their purpose was to renovate the old patterns in the theater and to introduce European and North American dramatists to Chilean audiences. Their performance of *El caballero de Olmedo* by Lope de Vega was so successful that the group was officially adopted by the University and financed by the Ministry of Education. The *Teatro Experimental* later became a school of drama to train actors, directors, playwrights and set designers.

De la Barra's success motivated students of the Catholic University of Santiago to organize their own theatrical group. Pedro Mortheiru and Fernando Debesa, from the school of architecture, started the *Teatro de Ensayo*. They presented their first play, the *auto sacramental, El peregrino* by Josef Valdivieso, on the 17th of October, 1943.

Teatro de Ensayo has been characterized by a repertoire in which Chilean dramas, as well as foreign plays, have been presented. In recent years, it has given plays by Moock, Heiremans, Roepke, and Vodánovic, among others. Like ITUCH it has eliminated the "star" concept, even though the actors are divided into groups according to their training and experience. Some professional actors joined the TEUC, and many of the actors trained there originally have gone on to the professional stage and joined other companies, or have formed their own companies.

The university movement introduced the cooperative plan for play production, with the director as principal coordinator; the use of new lighting techniques and three-dimensional sets; homogeneous performances and respect for the play being performed. Old Spanish dramatic techniques were replaced by the new principles and philosophies of recognized masters such as Stanislavsky, Copeau, Dullin, Reinhardt and Piscator. Together with the Spanish voices of Federico García Lorca and Margarita Xirgú they gave life to the ideals of a whole generation.

The first ten years of the movement established and spread new values. They also served to rediscover the classics forgotten by the theater for years, and to create schools for the teaching of theater arts, and to recover a public strongly influenced by films.

El Instituto del Teatro has stimulated the production of Chilean plays by means of an annual *Concurso de Obras Teatrales*, which has been taking·place since 1945, and which has produced a generation of young dramatists. *El Instituto del Teatro* also created a *Sección de Extensión Teatral*, which has as its purpose the development of drama workshops and play production, and acting in workers', students', and employees' centers, not only in the capital, but in the provinces as well. It also backs national and regional festivals and competitions for Little Theater groups. It distributes Chilean and foreign works in the entire country and maintains radio programs.

The initial activities of the students had immediate followers in other universities of the country. As already mentioned, in 1943, the *Teatro de Ensayo* of the Catholic University was born, and in 1945, the *Teatro Universitario de Concepción*, one of the country's most important theatrical companies, was organized. The university groups showed a new character almost from the beginning: their members were paid professional actors hired by the respective universities. This led to a rapid and expanding growth in the improvement of theatrical arts and their prompt diffusion throughout the country. The regular tours of these companies to cities in the interior, and their performance at labor unions, schools, institutions, colleges, hospitals, and jails, sparked a wide interest in amateur theater.

Innovations in staging techniques had an influence on the professional commercial theater companies as well. Faced with these developments and the changing taste of new audiences, the companies had to revise their old methods. The result was a homogeneity in the creation and interpretation of all types of theatrical presentations, professional, amateur and university.

There have been different trends in Chilean playwriting in the last thirty years.

The first few years, several authors coming out of university classrooms tried to create a universal dramatic literature, influenced by the French and Irish, but dominated by the form and language of García Lorca. They were Santiago del Campo *(California, Paisaje en destierro, Comedias de guerra)*; Slatko Brncic *(Heroica, Elsa Margarita)*; and Enrique Bunster who uses folklore elements in *Un velero sale del puerto*, and *La isla de los bucaneros*. These writers were experimenting and searching for the transcendental, but their plays did not always project themselves into our times.

Towards the end of the first decade, another group, the so-called Generation of 1950, emerged, and turned to the nation's past and present for its themes. From different angles, these playwrights tried to express characteristics of the Chilean temperament, using realism for their style. Among members of this group one can mention Gabriela Roepke *(Las culpables, La mariposa blanca, Juegos silenciosos)*,. María Asunción Requena *(Fuerte Bulnes, El camino más largo, Pan caliente, Ayayema)*; Isidora Aguirre *(Carolina, La pérgola de las flores, Las tres Pascualas)*; Luis Alberto Heiremans *(La eterna trampa, El abanderado*, based on folklore, *Versos de ciego, El Tony chico)*; Fernando Debesa *(Mamá Rosa, Bernardo O'Higgins)*; Fernando Cuadra *(Doña Tierra, Los sacrificados, La niña de la palomera)*; Sergio Vodánovic *(El prestamista, Deja que los perros ladren*, an attack on social and political corruption); Egon Wolff *(Discípulos del miedo, Parejas de trapo, Los invasores)*; and Alejandro Sieveking *(Mi hermano Cristián, Animas de día claro, La madre de los conejos.)*

Their plays range from an analysis of individual psychological problems to a critical appraisal of social situations. Their main influences appear to come from the American playwrights: Eugene O'Neill, Arthur Miller and Tennessee Williams.

In the last few years, a group of writers has appeared, introducing new currents of influence. Forms of *avant-garde* theater, like Bertold Brecht's epic realism, have their followers. Other young authors continue in the realistic direction of the former group. In the stylistic trend of "anti-theater" one should mention Jorge Díaz Gutiérrez, whose work has been successfully presented in Europe and America. His most important plays include *Requiem para un girasol, El velero en la botella, El lugar donde mueren los mamíferos*. Others who follow this trend are Raúl Ruiz *(Dúo, El automóvil, La estatura)*, and Miguel Littin *(La mariposa debajo del zapato, Raíz cuadrada de tres)*. Taking the idea from Brecht, but using a local point of view, Elizaldo Rojas adapted for the stage the major periods of Chile's social struggles *(Tierra de Dios, Santa María*, and *Recuento)*. Continuing the line of the earlier group, José Chesta, a writer from the provinces, mirrored the realities of life in southern Chile in *El umbral* and *Redes del mar*. Likewise, Juan Guzmán Améstica gave expression to the restlessness of youth in *El caracol* and *El Wurlitzer*.

The theater in Chile today reflects a growing vitality: professional theater flourishes in Santiago and in the larger cities; over 400 non-professional companies bring the theater to all parts of the country; every two years some of these companies are selected to participate in national amateur theater festivals. There are also regular festivals of university, high school and workers' little theater. As for the playwrights, they hold national conferences to discuss the problems of their craft and to review new plays and projects. The professional companies of the Universities of Chile, of Concepción, and the Catholic University have made numerous tours abroad, have participated in international theater festivals, and have appeared on Spanish stages as well.

Egon Wolff

Egon Wolff, a chemical engineer by profession, educated at the Catholic University in Santiago, demonstrated his literary talents at an early age. At sixteen he wrote a novel, *El ocaso*, and later a number of sociological and political essays collected in the volume entitled *Ariosto furioso*.

Of a middle-class family of German extraction, Wolff made up his mind to write plays in 1956 when, at the urging of his wife, he completed his *Mansión de lechuzas*. This play and *Discípulos de miedo* received honorable mention in the yearly competition sponsored by the Theater Group of the University of Chile in 1957. Both plays were produced the following year, and in 1959, *Discípulos de miedo* was awarded the Municipal Prize for Literature.

Parejas de trapo, a satire on Santiago's upper class, earned him the first prize in the annual drama competition of the University in 1959, and was produced by the *Teatro Experimental* in the *Sala Antonio Varas* the same year. Great admiration was expressed for its dramatic characters and fine construction.

In 1962, Egon Wolff came to the United States on a scholarship. During that year his play *Niña madre* was produced in Chile, by the *Conjunto del Teatro* of the University of Concepción, and, in the United States, by the Yale University Theater in New Haven, Connecticut, under the title, *A Touch of Blue*. In 1964, Wolff won his second Municipal Prize for Literature with *Niña madre*. He had previously written and received an honorable mention for his *Esas 50 estrellas*. (The earlier title, *Esas 49 estrellas* was changed when Hawaii became a state.) *Los invasores* was first produced in Santiago in 1963, and since then has been presented in other countries, including Peru, Cuba, and Mexico.

Another play which has elicited a favorable critical reception is the two-character piece, *Flores de papel*. Another completed play that Wolff mentions is *El sobre azul*. The title refers to the blue envelope handed an employee at the time of his dismissal from the company where he worked. Wolff describes it as a satire in which it is his intent "to censure . . . all those who take business too seriously."

77

El signo de Caín, a play for four actors, was premiered in Chile during the fall of 1969. From England came the word that his play *Los invasores*, in English translation, was presented by the Castle Theatre Company in Farnham in March of 1970.

In the section *"Sobre mi teatro"* accompanying each of the plays in Zig-Zag's anthology, *Teatro chileno actual*, 1966, Wolff says,

> "If someone were to ask me about my theater, and what the forms are that I prefer as a dramatist, I would say that they are those which permit me to express ideas. By ideas, in the theater, I mean concepts identifiable by everyone and which cause people to think. It doesn't matter whether one uses laughter or sorrow, conflicts or the absurdities to bring the idea to the scene. What should remain is the 'I feel — I understand' which accompanies the spectator on his way home. It is here that the magic of the theater dwells for me: the exciting realization of the capacity to discern."

What is important to Wolff is to take that common emotion, that thought, that rebellion which palpitates in the individuals who go to the theater, and "give it form in a real conflict, so that . . . suddenly in the magic of a sentence, or of a situation, the spectator is moved by a spark of understanding to say, 'that's it,' 'that interprets my thought,' or 'that describes my life.' "

Wolff is primarily concerned with the expression of ideas, and prefers those forms which lead to this end. However, he does not believe in plays that are "like intellectual hothouses, in which the idea struggles in vain to reach the outside air." For him the theater is a test, an exercise, or an experiment in human communication. More recently, Wolff has amended this statement when he says, "Now I believe a little less in the possibility of undertaking great moral preachments on the stage. As the years go by, the human being seems every day less the product of a formation of ideas, and every day more the consequence of his own existence, free of influences, free of direction. The theater of conflicts, therefore, is disappearing from my work . . . "

Mansión de lechuzas develops the conflict between generations to show the nearly crippling effects of protective maternal love upon two teenage sons. *Los invasores* explores the inevitable destruction of a bourgeoisie indifferent to the social conditions surrounding it. *Las flores de papel* again focuses on a process of destruction, but this time of an individual rather than a social class.

Between his first plays and the later ones, in addition to Wolff's continuing interest in the expression of ideas, there has been a shifting of expression toward a greater simplification and refinement. The elegantly balanced symmetry of *Mansión de lechuzas* has in his later plays been compressed into a more effective channeling of dramatic tension. This modification has been intentional on Wolff's part. He has shifted the focus from a conflict between ideas to a conflict between individuals, in which the interests of two or more persons or groups of persons are involved. In the early play, the conflict is an abstraction which has been given the characters to work out. In his later plays, Wolff is more concerned with people in a situation of conflict. This change of focus has greatly strengthened his work.

Mansión de lechuzas was undoubtedly contrived as a vehicle for the expression of a conflict. The balance between the old and the new is skillfully maintained, the elements of the conflict are equal. The disintegration of the gardening equipment necessary for economic survival, the decaying condition of the old house, is paralleled by the stultification and suspension of life within the house. The encroachment of lower middle-class homes upon what were once spacious formal gardens is paralleled by the menace the outside world poses to the isolation that Marta, the mother, is trying to conserve as a shelter for her two sons. The weakness of the play, however, is that the tension, as it is developed by Wolff, hardly seems worth the source of that tension, which is Marta's desire to protect her sons from the knowledge of their dead father's true character. Since the situation develops somewhat artificially, the author must resort to exaggeration for heightening a tension that does not develop naturally, given the situation. The mother, therefore, makes great efforts to prevent the intrusion of the outside world upon the fictitious one she has tried to create. The boys' innocence is exaggerated to a degree that seems unrealistic today, and finally, all the energy and crisis of the play are resolved through the simple revelation of the truth about the father by an offstage character. One is left with the impression that the characters are subservient to the idea expressed by the author.

In *Los invasores*, the idea expressed is still of tantamount importance — an indifferent bourgeoisie is nurturing the source of its own destruction — but the manner of expression has changed. The tension of the play is expressed through the characters, not merely by them. The conflict embodied in *Los invasores* lies between social groups. The invaders are the poor, the invaded are the well-to-do; the inevitable victors are the invaders. Wolff develops his theme through the medium of some powerful and well-drawn characters. The Santiago industrialist, Meyer, and his pampered wife are members of a very comfortable bourgeoisie and their two children are typical contemporary characters. The vicious Alí Babá is similarly the prototype of a constantly more rebellious lower class. The fact that these characters are typical does not necessarily make them only symbols or stereotypes. Meyer expresses opinions that make it difficult to decide whether to sympathize with him or not, and it may be precisely because each of the family group is so familiar that each seems so real. The two remaining principal characters are not stereotypes. Toletole, the sad little vagabond, and the ambiguous China are magically real characters. China is never completely defined, and the development of the play lifts both characters intó the world of the unreal. It is the mystery of China and Toletole that makes *Los invasores* one of great human and poetic depth. They lead the spectator from a realistic world through the progressively more disjointed and disorganized reality that creates the special quality of the play. The discovery that the reality perceived has been a dream-reality emphasizes the terror of what is to come. The end of the nightmare is not the end, it is only the beginning. The development of the plot involves a complete cycle which holds the increasing attention of the spectator.

In *Flores de papel*, Wolff again considers the intrusion of a terrifying invader into a world that was until that time relatively secure. There are only two characters in this tightly-structured play, a thin, dirty tramp, *"El Merluza,"* and Eva, a rather elegant, middle-aged woman, who lives alone. As in *Los invasores* the play's line of action leads toward destruction. The action takes place within the boundaries of Eva's comfortable and very feminine apartment. There is little reference to outside events. The confinement of the arena of the play emphasizes its narrow focus. Because of her compassion, at first, and later for other reasons, Eva invites *"El Merluza"* to stay in her apartment after he has carried home bags of groceries for her. During the course of the play, the guest or invader assumes a position of mastery in the relationship established between the two characters. During the play there develops an exact reversal of roles. What is particularly interesting is the fact that the indigent *"El Merluza"* does not raise himself to the comfortable middle-class position available to him through Eva, but instead drags her down to the complete social and personal disorganization of his own situation. This is the most terrifying element of *Flores de papel* because neither the guest or invader, nor the host or invaded survives the invasion with any remaining trace of civilization. The destruction is complete.

Wolff employs a very interesting symbol in the play — the paper flowers of the title. Using old newspapers, *"El Merluza"* fashions beautiful flowers and animals as gifts in return for Eva's kindness to him. As the action develops, the always more carelessly made ornaments gradually displace Eva's carefully chosen furnishings until the setting of the last scene depicts a shambles: furniture has been torn apart and put together in a haphazard fashion, floor lamps are hanging from the ceiling and those which were hanging are standing on the floor. Paper flowers, singly, in chains and garlands, cover the walls, ceiling and floor. As the play ends, *"El Merluza"* has exhausted the possibilities for destruction in the apartment and is instructing a disoriented, bewildered, and subjugated Eva about the dangers of the shanty town on the river's edge where she is to live. As a last sign of Eva's degradation, *"El Merluza"* sticks an enormous, shabbily-made paper flower into the neckline of her ragged dress. It is so large that its petals cover her face. Eva has been completely erased.

Wolff is a careful craftsman. His plays stand out for their theatrical knowhow, construction and development of themes. The symmetry of *Mansión de lechuzas* and *Parejas de trapo*, the circular construction basic to the concept of *Los invasores*, and the unifying symbolism of the paper flowers in *Flores de papel* are eloquent testimony to the precision with which Wolff shapes his plays.

Certain themes recur throughout Wolff's plays: the need of human beings to be loved, the destruction of the old status quo for the new, and the continuing exploration of social reality and of the absurdity and illogicality of what happens in this reality.

With regard to the content of the plays, these three continuing preoccupations may be observed. The first theme (the need of each human being to be loved), is illustrated by Jaime in *Parejas de trapo*, and by Andrés, the elder son in *Mansión de lechuzas*, who is depressed to the point of self-destruction when deprived of fulfillment of the basic human need for love. Toletole, in *Los invasores*, exists only on the strength of her love for China. And Eva, in her loneliness, in her need for love, creates the situation that destroys her.

The second recurrent theme, that of the destruction of the old status quo by the new, is demonstrated when Marta's illusory past glory gives way to realistic compromise. The middle class in *Los invasores* is crushed under the relentlessly advancing poor. And Eva's way of life is destroyed to be replaced by a new and terrifying existence.

The third theme, Wolff's continuing exploration of social reality is inextricably linked with the second, the destruction of the old order by the new. In *Mansión de lechuzas* and *Parejas de trapo* the entrance of "the outside" into the world of the play is seen as a healthy change. What is dead was within; life enters with the world. In *Los invasores*, life is without. What is within may be only illusion. If one chooses illusion over truth, he is choosing his own destruction. The established world may have been invaded against choice, but the implication is that if one then chooses truth over illusion there may still be time for a satisfactory accommodation between the two worlds. The resolution hinges upon the choice.

In *Flores de papel,* however, the possibility of choice has been removed. Eva has waited too long. Along with the possibility of choice, logic and order have also disappeared. Eva does not really choose to invite *"El Merluza"* to stay; she is powerless to do otherwise. She does not will her destruction, but neither can she prevent it. The invader, once inside, destroys what he has won, and all that is left are two invaders where there had been only one before.

Wolff, in his plays, points out the fact that man is living in an illogical and absurd world. The characters he creates attempt to make sense for themselves out of their position in a world which makes no sense. He indicates that if man loses his greatest gifts, the option of choice and the employment of that choice to better the condition of all human beings, then destruction is the inevitable consequence. As a dramatist, Wolff expresses modern man's endeavor to come to terms with the world in which he lives. He attempts to make him face up to the human condition as it really is, to free him from illusions that are bound to cause constant maladjustment and disappointment. For the dignity of man lies in his ability to face reality in all its senselessness, to accept it freely, without fear or illusions.

PERSONAJES

Pietá
Meyer
China
Toletole
Marcela
Bobby
Alí Babá
El cojo

Los invasores   EGON WOLFF

Obra en dos actos, el primero dividido en dos cuadros

ACTO PRIMERO

Cuadro I

Escenario: Un living *de alta burguesía. Cualquiera; son todos iguales. Lo importante es que nada de lo que ahí se ve, sea barato.*

A la izquierda un porche a mayor nivel, con la puerta de entrada de la calle. Al fondo,[1] la escala de subida al segundo piso. A la derecha, una puerta que da a la cocina y una ventana que mira al parque.   5

Cuando se alza el telón, está en penumbra.[2] Es de noche. Después de un rato, ruido de voces en el exterior, llaves en la cerradura, y luego, una mano que prende las luces.

Entran Lucas Meyer y Pietá, su mujer. Visten de etiqueta,[3] con sobria elegancia.   10

En cuanto se prenden las luces, Pietá se lanza al medio de la habitación. Abre los brazos. Gira sobre sí misma.

PIETA *(Radiante.)*   ¡Oh, Lucas, es maravilloso . . . es maravilloso! *(Gira.)* ¡La vida es un sueño . . . un sueño! *(Se lleva las manos a las sienes y mira hacia el cielo.)* ¡Ven! *(Meyer se acerca a ella. Y la abraza por detrás; ella,*   15 *sin mirarlo, siempre con los ojos en el cielo.)* Alguna vez, ¿algún . . . ◄ruido►[4] entre nosotros? . . . Uno de esos ruidos terribles, sordos . . . como entre los otros? *(Meyer niega mudo.)* ¿Sólo pequeños

---

[1] *Al fondo* At the back of the stage.   [2] *en penumbra* dark.   [3] *de etiqueta* in formal attire.
[4] *◄ruido►* quarrel.

ruidos? *(Meyer afirma. Pietá gira y lo besa con fuerza.)* ¿Por qué? . . . ¿Porque somos ricos? . . .

MEYER Puedo . . .

PIETA Ricos . . . ricos . . . ricos . . . ricos . . . ricos . . . ¿Qué significa? . . . ¡Ricos! *(Ambos ríen.)* ¿Qué significa?   5

MEYER Felicidad . . .

PIETA Sí . . . Libres como pájaros . . . Doce horas para llenarse la piel de sol . . . Y, en la noche, perfumes . . . Pero, ¿es sólido todo eso?

MEYER ¿Sólido? ¿Y por qué no?

PIETA No sé . . . Me asusta . . . Cuando todo sale bien, me asusto.   10

MEYER He gozado la noche, mirándote . . . Irradias. *(La besa.)*

PIETA Sí, soy hermosa . . . Me siento hermosa . . . Eres tú, Lucas . . . Todo lo que pones a mi alrededor, me embellece.

MEYER *(Oprime su talle.)* El talle fino . . . *(Toca sus caderas.) (Besa su cuello.)* Eres mujer, Pietá . . . Mujer, con mayúscula[5] . . . Mi Mujer . . . Me   15
haces olvidar que envejezco. Eso no está bien; es contranatural.[6]

PIETA *(Con sensual coquetería.)* ¿Me lo reprochas?

MEYER Sabes que no, pero . . . son cincuenta años, mujer.

PIETA *(Toca la punta de su nariz con su dedo enguantado.)* Durante el día en tu fábrica, cuando le dictas a tu secretaria y te   20
pones grave, tal vez, pero de noche, eres eterno . . . Soy quien te lo aseguro . . . *(Lo chasconea levemente.)* Veintidós años casada contigo, Lucas, y no me has aburrido . . . ¡Gracias!

MEYER Te compraría el mundo, si eso te entretuviera . . .

PIETA Lo sé . . . y eso me asusta un poco.   25

MEYER ¿Te asusta?

PIETA *(Alejándose un poco de él.)* Susto o temor, no sé. En todo este aire de cosas resueltas con que me rodeas, esa sombra de tu . . . invulnerabilidad . . .

MEYER Invulnerable . . . ¿yo?   30

PIETA Nunca una duda, nunca un fracaso . . . Pones tus ojos en algo y vas y te lo consigues. Simplemente te lo consigues. Nunca has dejado de hacerlo . . . Tal vez hasta me conseguiste a mí, de esa manera.

MEYER *(La abraza.)* ¡Oh! vamos . . .

---

[5] *con mayuscula* with a capital M.   [6] *contranatural* unnatural.

PIETA   Es verdad . . . Te temo . . . Para qué lo voy a negar; o temo por ti, no
sé . . . Cuando nos casamos tuve que preocuparme del porvenir como
cualquier mujer; partimos con tan poco . . . Pero muy pronto, poco a
poco, cada inversión, la justa, cada disposición, la precisa y al fin, esta
mansión. ◄La mansión de los Meyer►, y tu posición de ahora, invio-   *5*
lable . . .

MEYER   No todo me ha resultado tan fácil, como suena dicho por ti.

PIETA   ¿Y por qué tengo, entonces, esa sensación de . . . vértigo, eh? ¿de
peligroso desequilibrio? . . . Creo en la Justicia divina . . . Sí, sí, tal vez sea
una supersticiosa, una primitiva, pero no todo les puede resultar siempre   *10*
bien a los mismos.

MEYER   *(Riendo.)*   Les llegó el turno a los otros, ¿eh?

PIETA   No te rías.

MEYER   ¿No es ése el pánico del día? ¿También llegó a ti la cháchara
idiota? [7]   *15*

PIETA   No es eso . . .

MEYER   ¿Por qué mencionas todo esto, entonces? Nunca hablamos de
estas cosas.

PIETA   No sé . . . Tal vez, la gente de esta noche. Al verlos a todos
tan . . . desfachatados. ¡Insolentes, sí! . . . *(Como recolectando recuer-*   *20*
dos.) De repente,[8] pensé que era el fin. Risas que celebraban el fin. Una
perfección corrupta. *(Se vuelve hacia él.)* Tengo miedo, Lucas.

MEYER   ¿Miedo? . . . Pero, ¿de qué?

PIETA   No sé . . . Miedo, simplemente. Un miedo animal. Esta noche donde
los Andreani,[9] rodeada como estaba de toda esa gente, sentí de pronto un   *25*
escalofrío. Una sensación de vacío, como si me hundiera en un lago
helado . . . en un panorama de niebla y chillidos de pájaros.

MEYER   ¡Absurdo!

PIETA   Sí, absurdo, pero, ¿qué es ese miedo? Existe. Es como un presagio.

MEYER   *(Cortante, de pronto.)*   No sé de qué estás hablando . . . Deben ser   *30*
tus insomnios.

PIETA   *(Alarmada.)*   No sufro de insomnios, Lucas.

MEYER   ¡Niebla y chillidos de pájaros! ¿Cómo puedo interpretar yo
tamaña tontería? . . .

PIETA   Tú sabes. Has sentido lo mismo . . . ¿Qué es?   *35*

---

[7] *la cháchara idiota* idle talk.   [8] *De repente* All of a sudden, suddenly.   [9] *donde los*
Andreani at the house of the Andreanis.

MEYER   Te digo que no sé de qué estás hablando.

PIETA   Sí, sí sabes . . . Esta noche estabas insolente, lo mismo que ellos . . . la misma rudeza . . . la misma risa dolorosa . . . ¿Qué va a pasar, Lucas?

MEYER   *(Lentamente, midiendo las palabras.)*   Ayer en la tarde estuvieron   5
unas Monjas de la Caridad en mi oficina y les hice un cheque por una suma desmesurada; por poco hipoteco la fábrica a su favor . . . He estado pensando mucho sobre eso, desde ayer . . . ¿Qué me impulsó a ello? . . . Lo curioso es que ni siquiera abogaron mucho por mi ayuda . . . Simplemente se colaron en mi oficina como salidas del muro[10] y se   10
plantaron ante mí con las manos extendidas, y yo les hice el cheque . . . como si estuviera previsto que no me iba a negar. Después se retiraron haciendo pequeñas reverencias y sonriendo irónicamente, casi con mofa . . . como si toda la escena hubiera estado prevista.

PIETA   ¿Fue miedo lo que sentiste?   15

MEYER   No . . . Lo hice simplemente, como si fuera lo natural. En el fondo, sentí que si no lo hubiera hecho, esas monjas se habrían puesto a llorar por mí . . .

PIETA   ¿Llorar por ti?

MEYER   Sí. Creo que quise evitarles ese trance . . . penoso. Extraño . . .   20

PIETA   Paralización . . . Como lo que le sucedió a Bobby el otro día; el día helado y húmedo de la semana pasada, ¿recuerdas? *(Lucas asiente.)* Ese día le quemaron su chamarra de cuero[11] a Bobby en el patio de la Universidad.

MEYER   ¿Quemaron? . . . ¿Su chamarra de cuero?   25

PIETA   Sí, no te lo quise contar, entonces, para evitarte molestias. Sucedió cuando los muchachos salieron de clases por la tarde y pasaron por el guardarropía a recoger sus abrigos . . . No había abrigos en ese guardarropía . . .

MEYER   ¿Qué habían hecho con ellos?   30

PIETA   Gran Jefe Blanco, el viejo portero albino, del que hacen burla los muchachos, porque con el frío del invierno se le hinchan las articulaciones de los dedos y gime de dolor tras su puerta, había hecho una pira[12] en el patio con los abrigos y se calentaba las manos sobre la lumbre . . .

MEYER   *(Ultrajado.)*   ¡Pero, eso no es posible! ¿Qué hacían las autori-   35
dades de esa Universidad para impedir ese atropello?

---

[10] *se colaron en mi oficina como salidas del muro* they invaded my office as if they had come out of the wall. [11] *chamarra de cuero* leather jacket. [12] *pira* fire.

PIETA   Nada. Estaban todos, el Rector y el Consejo, mirando el espectáculo desde las galerías . . . Algunos hasta aplaudían . . .

MEYER   Imposible.

PIETA   Así fue . . .

MEYER   ¿Dónde vamos a parar? ¿Si no paramos esas insolencias? ¿Por qué no echaron a patadas[13] a ese depravado?

PIETA   Por la misma razón que hiciste tu cheque.

MEYER   ¡Pero si es idiota! ¿Dónde vamos a parar, repito? Echarlos a patadas . . . ¡Es lo que voy a hacer con esas monjas, si se vuelven a colar en mi oficina! . . .

PIETA   Fue absolutamente de mal gusto de parte de la Renée, salir a bailar con el *garçon*,[14] hoy durante la fiesta, ¿no te parece? Se veía que lo hacía con repugnancia . . . Su condición de dueña de casa no la obligaba a ello, ¿no crees?

MEYER   La gente ha perdido sus nervios . . . Ha habido tanto palabreo, últimamente, de la plebe alborotada, que todos hemos perdido un poco el juicio . . . El mundo está perfectamente bien en sus casillas.[15]

PIETA   Sí . . . Flota un espanto fácil, como el de los culpables. No somos culpables de nada, ¿no es cierto?

MEYER   Ya lo creo que no.

PIETA   Tu fábrica . . . esta casa, no las hemos robado, ¿no es verdad?

MEYER   Todo ganado honestamente, en libre competencia.

PIETA   ¿Qué, entonces?

MEYER   Te digo que es estúpido . . . Nadie puede perturbar el orden establecido, porque todos están interesados en mantenerlo . . . Es el premio de los más capaces.

PIETA   Por otra parte, Lucas . . . nuestros hijos. Al verlos, ¿a quién le cabrían dudas de que son hijos perfectos de una vida perfecta, no crees?

MEYER   Evidentemente. Marcela crece como una bella mujer . . . Bobby, un poco loco de ideas, pero . . . está bien . . . No más amenazas, entonces, eh . . .

PIETA   Pobre niño . . . Me ha prometido ayudarme en mi jardín . . . Odia podar las rosas, el pobre. ¿Has visto cómo cubren ya mi glorieta?

MEYER   *(Besa sus manos.)*   Sí . . . Tus manos milagrosas.

PIETA   Es un hermoso jardín . . . Estoy orgullosa.

[13] *echaron a patadas* kicked out.   [14] *garçon* waiter.   [15] *en sus casillas* under control.

MEYER   Y yo de ti. *(La besa.)* Vamos, es tarde. Mañana es un día de mucho trabajo . . .

> *Se encaminan hacia la escalera, abrazados.*

PIETA   *(Deteniéndolo al pie de la escalera.)*   Dime . . . ¿Tú viste también esa gente extraña que andaba por las calles, mientras veníamos a casa?   5

MEYER   ¿Gente extraña?

PIETA   Sí . . . Como sombras, moviéndose a saltos[16] entre los arbustos.

MEYER   Ah, ¿quieres decir los harapientos de los basurales[17] del otro lado del río?

PIETA   ¿Eran ellos?   10

MEYER   Esos cruzan periódicamente para venir a hurgar en nuestros tarros de basura[18] . . . La policía ha sido incapaz de evitar que crucen a esta parte, de noche . . .

PIETA   Podría jurar que vi a dos de ellos trepando al balcón de los Andreani, como ladrones en la noche.   15

MEYER   *(Algo impaciente al fin.)*   ¡Oh, vamos Pietá! Esa gente es inofensiva; ninguno se atrevería a cruzar una verja y menos a trepar a un balcón. ¿Para qué crees que les dejamos nuestros tarros en las aceras? . . . Mientras tengan donde hozar, estarán tranquilos. ¿Vamos?

PIETA   Esta noche me dejarás dormir contigo, ¿quieres?   20

MEYER   ¡Oh, vamos! Creo que exageras un poco. Si alguno de esos infelices se atreviera a entrar en esta casa, Nerón daría buena cuenta de él, con sus dientes afilados . . .

PIETA   Sí, pero . . . me dejarás dormir contigo, ¿no es verdad? *(Se cobija en él, mientras desaparecen ascendiendo escalera arriba.)*   25

> *De pasada[19] Meyer apaga las luces y la habitación*
> *queda a oscuras,[20] sólo una débil luz ilumina la*
> *ventana que da al jardín. Después de un rato se*
> *proyectan unas sombras a través de ella y luego una*
> *mano manipula torpemente la ventana, por fuera. Un*   30
> *golpe y cae un vidrio quebrado. La mano abre el*
> *picaporte y por la ventana cae China dentro de la*
> *habitación.*
>
> *Viste harapos. Forra sus pies con arpillera[21] y de*

---

[16] *moviéndose a saltos* skipping or hopping along.   [17] *basurales* garbage dumps.   [18] *tarros de basura* garbage cans.   [19] *De pasada* On the way.   [20] *a oscuras* in the dark.   [21] *Forra sus pies con arpillera* He covers his feet with burlap.

*sombrero luce un colero sucio, con un clavel en la
cinta desteñida. Contradice sus andrajos, un cuello
blanco y tieso, inmaculadamente limpio. Desde el
suelo observa la habitación con detenimiento.
Arriba se oyen pasos.*   5

VOZ DE MEYER   ¿Qué hay? ¿Quién anda? . . . ¿Quién anda ahí? *(Se
prende la luz y asoma Meyer en lo alto de la escala. Desciende
cautelosamente. Ve a China y corre hacia la consola de la cual saca un
revólver que apunta sobre el intruso.)* ¿Y usted? . . . ¿Qué hace aquí?
¿Qué hace dentro de mi casa?   10

CHINA   *(Lastimero.)*   Un pan . . . Un pedazo de pan . . .

MEYER   ¿Qué?

CHINA   Un pedazo de pan, ¡por amor de Dios!

MEYER   ¿Qué te pasa? ¿Estás loco? ¡Entrar en mi casa, rompiendo las
ventanas! ¡Fuera de esta casa! . . . ¡Fuera de esta casa, inmediatamente!   15
(Ante la impasividad del otro.) ¡Fuera te digo! . . . ¿No me oyes? . . . ¿O
quieres que llame a la policía? *(Pausa penosa.)* ¿Qué te pasa, hombre?
¿Eres sordo? . . .

CHINA   Un pedazo de pan . . .

MEYER   Te descerrajo un tiro,[22] si no sales de inmediato. *(Apunta.)*   20

CHINA   Era inevitable . . .

MEYER   ¿Qué dices?

CHINA   Que era inevitable que dijera ◄ te descerrajo un tiro►, y que tuviera
uno de ésos *(indica el revólver)* escondido en alguna parte por ahí . . . Se lo
dije al Mariscal . . .   25

MEYER   ¡Te doy diez segundos! Cuento . . . Uno . . . Dos . . . Tres . . .

CHINA   ¿Todo por un pedazo de pan?

MEYER   Cuatro . . . Cinco . . .

CHINA   Una bala de eso cuesta más que el pan que le pido. El Mariscal
discutió que era seguro que tendría ◄eso► *(el revólver)* en casa, pero que   30
sería práctico . . . y lógico. Aunque fuera tan sólo pan duro; no me quejo.

MEYER   Está bien; te doy el pan, pero te vas de inmediato, por donde
entraste, ¿entiendes? *(Sale hacia la cocina y vuelve con un pan que lanza
al otro.)* Y ahora, ¡fuera!

CHINA   ¿Ve? . . . El Mariscal tenía razón. *(Sonriendo candorosamente.)*   35

---

[22] *Te descerrajo un tiro* I'll shoot you, put a bullet into you.

Total ... un harapiento. Nadie cambia un harapiento por una conciencia culpable. *(Masca el pan.)* La culpa de todo la tiene su empleada. No había más que papeles sucios y restos de sardina en el tarro ... No como sardinas; me producen urticaria. *(Lanza un eructo fuerte.)*

MEYER   Seis ... Siete ... Ocho ...   5

CHINA   Es inútil; no se exponga al ridículo ...

MEYER   ¿Qué es lo que es inútil?

CHINA   Que pretenda contar hasta diez ...

MEYER   ¿Por qué?

CHINA   *(Sonriendo ampliamente.)*   Todos sabemos que sabe contar hasta   10
diez y más de eso ...

MEYER   *(Rugiendo.)*   ¡Nueve!

CHINA   ¡No   siga! ... ¡No   va   a   disparar! ... Es   mejor   que   no
siga ... Evitemos la vergüenza ...

MEYER   ¡Diez! *(El revólver tirita en su mano apuntando a China; no*   15
dispara.)

CHINA   ¿Ve? ... Es una lástima ... Ahora nos será más difícil entendernos ... Ahora usted ya me odia ... *(Con fingida desazón.)* Yo sabía
que no dispararía. En cuanto dijo ‹te descerrajaré un tiro›, lo supe. Los
que saben matar no le ponen nombre al acto. Simplemente aprietan el   20
gatillo, y alguien muere. Uno le pone nombre a las cosas para ganar
tiempo. *(Saborea el pan.)*

MEYER   *(Algo perplejo.)*   ¿Quién es usted?

CHINA   Sí, eso es lo que se hace acto seguido:[23] averiguar el nombre.
Parece que con saber el nombre de nuestros enemigos se nos hace más fácil   25
dar en el·blanco[24] ... Me llaman ‹China›, y usted es Lucas Meyer el
industrial ... *(Se acomoda en el suelo.)* Y ahora que hemos cumplido con
esta primera formalidad, puede irse a la cama, si quiere ... Comprendo
que es suficiente para usted para ser el primer encuentro. Que Dios
acompañe a usted y a su bella esposa, en su sueño ... Buenas noches.   30

MEYER   *(Ultrajado.)*   ¿Qué se ha imaginado?[25] ... ¡Salga de esta casa de
inmediato! ¿Me oye? *(China duerme impasible.)* ¿Me oye? ... ¡Fuera
de mi casa! *(Con ira impotente.)* ¡Fuera, digo! *(Pausa.)* Está bien; puede
dormir aquí esta noche, pero mañana, al alba, antes que nadie mueva un
dedo en esta casa, usted sale por el mismo lugar que se coló, ¿entiende?   35
¡Que no lo encuentre dentro de la casa! *(Se dirige hacia la escalera.)*

---

[23] *acto seguido* immediately.   [24] *dar en el blanco* to hit the mark.   [25] *¿Qué se ha imagi-nado?* What do you think you are doing?

CHINA *(Sin levantar la cabeza.)* Ya le decía yo al Mariscal que Ud. era un buen hombre . . . Un hombre que da trabajo a tanta gente en su fábrica no puede ser otra cosa que un buen hombre . . . ¿Cómo iba a permitir que un harapiento muriera de frío, durmiendo bajo el rocío helado . . . ¡Gracias, buen hombre! *(Meyer va a apagar las luces cuando se oyen pasos arriba.)*   5

VOZ DE PIETA Lucas, ¿por qué te demoras tanto? ¿Qué pasa?

MEYER ¡Nada, mujer! . . . ¡Un gato que entró por la ventana! ¡Ya lo eché a la calle!

CHINA *(Ante los gestos de Meyer, que lo conminan a hablar más bajo.)* ¡Eso fue inteligente! . . . ¡Muy inteligente! ¡Nadie habría sabido   10 encontrar salida más honorable a la situación! . . . ¡Estupendo!

VOZ DE PIETA ¿Qué pasa, Lucas?

MEYER Voy, mujer, voy. *(Sube y apaga la luz.)*

> La escena sigue un rato a oscuras. Luego se ve otra
> mano que asoma por fuera, en medio del haz de   15
> luz.[26] Palpa el cerrojo. Tamborilea contra los
> vidrios.

VOZ DE TOLETOLE ¡China! ¡Abre, China! *(China muge.)* ¡China, sé bueno! ¡Hace frío! *(Sigue tamborileando los vidrios, débil e intermitentemente.)* ¡Ay, ay! ¡Chinita!   20

CHINA *(Levantándose, al fin, trabajosamente. Abre la ventana. Gruñe.)* Te dije que no entraras hasta mañana . . .

TOLETOLE *(Sólo su cara asoma afuera; plañidera.)* Hace frío afuera, China.

CHINA Con dos de repente, se va a asustar . . .   25

TOLETOLE *(Tirita.)* ¡Ay! ¡Ay! . . . ¡Por Diosito!

CHINA Está bien, entra . . . ¡Rápido!

TOLETOLE *(Entrando torpemente.)* Dos no caben en la casucha del perro. *(Casi llorando.)* Alí-Babá se coló primero . . . Traté de meterme, pero me patió la cara.[27] ¡China! ¡Mira!   30

CHINA ¡Ssht! ¡Cállate! ¿Quieres que nos oiga, estúpida? . . . No quiero que se nos asuste . . . Con uno bastaba para la primera noche. Tiéndete ahí *(indica)* y calla la boca.

> Toletole se acurruca donde le indica. Es joven. Fue
> rubia y hermosa. Viste harapos. Luce una rosa   35

---

[26] *haz de luz* beam, ray of light. [27] *me patió (pateó) la cara* he kicked me in the face.

encarnada de raso en el pelo desgreñado. Se cubre con
un enorme vestón de hombre deshilachado.
Los bolsillos abolsados están llenos de cosas. Se
hace un atado animal[28]*junto a*
China.   5

TOLETOLE *(Después de permanecer un rato yerta y como expectativa,*
respirando ruidosamente y tiritando.)   ¿Cómo lo tomó, China?

CHINA   Duerme . . .

TOLETOLE *(Después de un rato.)*   ¿Sacó revólver y te amenazó con la
autoridad, China?   10

CHINA   Mmh . . . Es práctico; mostró misericordia . . .

TOLETOLE   El primer día es fácil; vamos a ver mañana, ¿no es cierto?

CHINA   ¿Cierra la jeta! [29] ¡Duerme!

TOLETOLE *(Tras pausa.)*   ¿Cómo es la casa? . . . ¿Bonita? Está tan
oscuro; no se ve nada. *(Al no recibir respuesta.)* Tengo salame . . .   15
¿quieres? *(Saca de un bolsillo un trozo de salame, junto a dos girasoles de*
paño atados a tallos de alambre, unas herramientas nuevas de carpintería,
escofina, etc., unas matracas multicolores y un calendario doblado en
cuatro que representa un desnudo de mujer.[30] *Amontona todo cuidadosa-*
mente junto a sí. El desnudo lo cuelga sobre un cuadro del muro mientras   20
observa cada objeto con interés infantil.) Para cuando te instales . . . te
arranches[31] . . . Flores para mi pieza . . . Una mona desnuda para Alí
Babá . . . Se la quise dar en la casucha del perro, pero me patió la cara.
(Toma las matracas.) Y esto, para los críos, si alguna vez quieres que te los
dé . . . *(Hace girar las matracas, que suenan con gran algazara.)*   25

CHINA *(Incorporándose de un salto; se las arrebata.)*   ¿Qué estás haciendo,
estúpida? ¿No te dije que no hicieras ruido? ¡Ahora se va a
asustar! . . . *(Mira las matracas.)* ¿Y esto? ¿De dónde las sacaste?

TOLETOLE *(Aterrada.)*   De los Almacenes Generales de Plaza Victoria.

CHINA   Saqueo . . . ¿No te dije que no saquearas?   30

TOLETOLE   Estaba abierto, China . . . Habían arrancado las puertas. Todos
se metían . . .

CHINA   ¡Imbéciles!

TOLETOLE   Yo no quise, pero me arrastraron dentro . . . Y entonces, era
llegar y agarrar . . . Trenes eléctricos, China . . . Así, un montón . . . Y   35

---

[28] *Se hace un atado animal* She curls up like an animal.   [29] *Cierra la jeta!* Shut up!   [30] *un desnudo de mujer* a picture of a nude woman.   [31] *Para cuando te instales . . . te arranches.* It's for when you move in . . . when you take meals.

batas . . . Batas de todos colores . . . Y muñecas, ¡así de grandes! Me amarré las manos, pero no pude, China, agarré.

CHINA   Ahora tendrán ellos la última palabra . . .

TOLETOLE   Pero todo el mundo estaba feliz; eso también es bueno. Había gente en todas partes . . . sentados en los mesones . . . resbalando por las escaleras . . . Riendo y riendo, con la boca así de grande. ¿Sabes lo que hizo el Tísico? Salió a la calle, bailando abrazado de un maniquí desnudo. Todo el mundo le hizo rueda,[32] mientras bailaba, mordiéndole los pechos de palo. (*Ríe.*)

CHINA   (*Se ablanda; sonríe.*) Lo malo es que ahora serán ellos los ultrajados . . . Saqueo, dirán, e invocarán la legitimidad del orden. (*Como para sí, sabiendo que ella no entiende.*) Quisiera que al final todo se hubiera hecho como envuelto en sábanas blancas . . . limpio como el corazón de uno de nuestros muertos, pero . . . tal vez no es justo.

> *Se oyen pasos en la escalera. Es Meyer, que se ha puesto bata. Se prende la luz.*

MEYER   (*Perplejo.*)   Y esto . . . ¿qué significa? (*En sordina.*) ¿Quién es esta mujer?

CHINA   (*Imitándole, también en sordina.*)[33] Toletole . . . (*A Toletole.*) Saluda al señor. (*Toletole se alza y saluda, como una niñita educada, con una genuflexión hasta el suelo; asustada.*)

MEYER   ¿No pensará que además deberé soportar esto?

> *Toletole comienza a vagar por la habitación, mirando arrobada los objetos. Los toca con la punta de los dedos y lanza pequeñas exclamaciones de estupor y encanto.*

CHINA   (*En sordina.*)   Claro que no. ¿Por qué iba usted a tener que soportarlo? Es demasiado.

MEYER   ¿Entonces?

CHINA   Se lo advertí a ella, pero dijo que tenía frío afuera . . . así que, si usted lo desea, la echamos afuera,[34] con o sin frío, ¿eh?

MEYER   Bueno, es decir . . .

CHINA   (*Confidencialmente.*)   Así, confidencialmente, le aseguro que no tiene nada puesto debajo del vestido, la sinvergüenza. Nada. Sólo la mitad de un traje de baño que se ‹levantó›[35] por ahí. (*Más confidencial aún.*)

---

[32] *hizo rueda* surrounded him.   [33] *En sordina.* Mutely, silently.   [34] *la echamos afuera* we'll put her outside.   [35] *se ‹levantó›* she stole, "lifted."

Eso le pone la carne azul, sobre todo en noches heladas como ésta. No es muy estimulante, pero, ¿qué quiere usted? . . . Uno tiene que conformarse con lo que le toca, ¿no le parece? . . .

MEYER *(Sin saber qué decir.)*   Así me parece . . .

CHINA *(Chanceándose.)*   A veces uno llega a creer que está acostado con un   5
cadáver. *(Se ríe.)* ¿La echamos fuera?

MEYER   Usted sabe muy bien que no puedo hacerlo . . .

CHINA   ¿Por qué no? Después de todo, ésta es su casa, caballero . . .

MEYER   Y después ustedes pueden decir que somos unos desalmados, ¿eh?
No le daré ese gusto. Usted se queda con ella esta noche, y de madrugada,   10
salen por ahí, ¿entiende?

CHINA   Ya lo decía yo, en cuanto vi lo limpios que tenía los vidrios de las
ventanas: usted es un caballero. Sólo un caballero se preocupa de tenerlos
tan limpios . . . Sin embargo, usted no debería pensar así.

MEYER   ¿Cómo? ¿Qué?   15

CHINA   También existimos los agradecidos . . . los que sabemos lo que
cuesta amasar todo esto. *(Muestra la casa.)* Es una bendición que, de vez en
cuando, derramen algo[36] sobre nosotros . . . los irresponsables.

MEYER *(Extrañado.)*   Usted, en verdad, ¿piensa así?

CHINA *(Se levanta; pone un puño cerrado sobre su pecho.)*   Mi palabra de   20
honor, si eso vale algo para usted.

MEYER   ¡Pssh! ¡Mi mujer duerme arriba!

> En ese momento, Toletole deja caer una porcelana
> que ha estado admirando; se quiebra con
> estruendo.   25

CHINA   ¡Mira, estúpida, lo que has hecho! ¿Cómo se lo vamos a pagar
ahora?

MEYER   ¡Pssh! . . . No es nada . . . Es sólo una de tantas . . .

CHINA   Babosa[37] . . .

TOLETOLE   Pero, China . . . ¿para qué te enojas? Tenemos tantas   30
más . . . *(Muestra la porcelana rota.)* De todos modos, ésa no me gustaba
tanto . . . *(Meyer mira, estupefacto, a China.)* ¿No me dijiste que todo esto
sería mío? ¿Desde ahora?[38]

MEYER   ¿De qué está hablando esa niña?

---

[36] *derramen algo* lavish, give something freely   [37] *Bábosa* Stupid.   [38] *¿Desde ahora?* From
now on?

CHINA   ¡Baila, Toletole, baila! ¡Paguemos la hospitalidad del caballero!
*(Resuena una música danzarina, de ritmo rápido, tocada en un solo
instrumento de viento,*[39] *a cuyo compás Toletole comienza a ejecutar una
danza desabrida y triste; deja caer los brazos, con la mirada fija en algún
punto lejano. Sólo los pies se mueven.)* ¡Es nuestro número! . . . lo   5
efectuábamos, por ahí, en las plazas . . . por unas monedas. ¡Bonito,
eh! . . . *(Casual.)* ¿No tiene algún vinito en casa? *(Meyer hace ademán de
moverse.)* No, no se moleste . . . ¿Por dónde? *(Meyer indica, y China sale
hacia la cocina.)* Con permiso . . .

> *Meyer, de pie, paralizado, observa el ritual miserable*   10
> *de Toletole, que sigue bailando.*

MEYER   *(Después de un rato, sin poder contenerse ya, enervado.)*   ¡Basta!
¡Basta ya!

> *Toletole se detiene bruscamente y llora en silencio,*
> *en el momento en que China regresa, cargando una*   15
> *fuente con medio pollo, y dos botellas de vino bajo*
> *los brazos.*

CHINA   Por favor . . . *(Indica las botellas que Meyer toma, ya que China no
puede hacerlo; y las pone sobre la mesa.)* Oí que no le gustó el número al
caballero. *(Va sobre*[40] *Toletole.)* ¡Babosa! ¡Manera de agradecer la   20
hospitalidad! *(A Meyer.)* Debe perdonarla . . . perdió todo donaire
después de la neumonía del año pasado . . . ¡Imagine locura igual! Estar
dos horas en el canal helado, todo por agarrar una coliflor que pasaba
flotando , . . La sacamos, azul, de las mismas barbas de la alcantarilla.[41]
No es un espectáculo muy atractivo, es cierto. Le ruego perdonarla. *(A*   25
Toletole, que acude presurosa.) ¡Ven a servirte! *(A Meyer.)* Usted nos
acompaña, supongo.

MEYER   No, gracias . . . Los acompañaré desde aquí. *(Se sienta en uno de
los sofás; se prende un cigarrillo.)*

CHINA   Naturalmente . . . *(Acariciando el pelo a Toletole, que masca el*   30
pollo con voracidad.) Antes era rubia . . . hermosa. ¡Maldita coliflor! . . . *(Mostrando la comida.)* Usted perdonará, ¿no es cierto? No
pensaba hacer esto, pero dada su hospitalidad tan natural . . .

MEYER   Usted ya se sirvió.

CHINA   Es verdad . . . Urbanidad; eso es algo que suele irse con los harapos.   35
(Con la boca llena.) Lo mismo que la paciencia. *(Pausa.)* No le molesta
nuestra . . . pestilencia,[42] ¿no es verdad? *(Ante un gesto de protesta de*

---

[39] *instrumento de viento* wind instrument. [40] *Va sobre* goes after. [41] *de las mismas barbas
de la alcantarilla* from the very entrance to the sewer. [42] *No le molesta nuestra . . . pestilencia* Our stench does not bother you.

Meyer.) No, no... No disimule... Nosotros entendemos... El tufo de esto *(tironea sus mangas)* es horrible. ¿Sabe lo que es bueno para contrarrestarlo?

MEYER   No.

CHINA *(Sonriendo, con la cara llena.)* El humo del cigarrillo. *(Indica el* 5 *cigarrillo de Meyer.)* Yo creí que usted sabía. El Mariscal dice que es la razón de los perfumes: espantar el olor de la miseria; sin duda, es un exagerado.

MEYER   Ese... Mariscal... ¿Es uno de ustedes?

CHINA   ¿Uno del otro lado del río, quiere decir? *(Meyer asiente.)* Sí; es un 10 extravagante. Por él, les cortaría el pescuezo a todos los ricos.

TOLETOLE   Es un mal hombre... un mal hombre...

CHINA   Calla y come. *(A Meyer.)* Lo dice porque le asusta su ferocidad. Cuando habla de los ricos, se pone morado[43]... ¿Ha visto el color de las betarragas? 15

MEYER   ¿Betarragas?

CHINA   Ese color. Es un nihilista. Cree que con los ricos no hay caso. Sufren una especie de fiebre incurable... y contagiosa. Hay que gasificarlos, dice... ¡Extravagante!... No sabe que la riqueza es una especie de... martirio. 20

MEYER   De cierto modo...

CHINA   No sea modesto... De todos modos; absolutamente de todos. Vamos, dígale aquí a Toletole con qué esfuerzo montó todo esto[44]... *(Ante un gesto evasivo de Meyer.)* Vamos, no sea delicado... Cuéntele... Y tú *(a Toletole)* aguza el oído. Es algo que vale la pena oír... 25

MEYER   Bueno... Trabajé.

CHINA *(A Toletole, acercando su cara a la de ella.)* ¿Oíste?... Trabajó, dice, ¿ves?... ¿Qué más?

MEYER   Evité despilfarros...

CHINA *(Blande la pechuga de pollo.)* Sacrificios... Privaciones... Eso es 30 lo que el Mariscal no se quiere meter en su cabeza dura, ¿ves?... *(Bebe vino, se va entusiasmando.)* ¿Y?

MEYER   Ahorré...

CHINA *(Grita.)* ¿Ves?... ¡Ahorró, dice! ¿Oíste? *(Con excitada ferocidad.)* ¡Cada centavo!... ¡Cada maldito centavo lo ahorró con santa 35 paciencia! ¡Cada maldito centavo que pasaba por sus manos o las manos

---

[43] *se pone morado* turns purple.   [44] *montó todo esto* assembled all this.

de sus empleados, lo ponía a salvo![45] No había centavo que pasara por su vecindad, que no le pusiera sus manos encima ... En cambio nosotros: botar y botar[46] ... ¡Siga, por favor, siga!

MEYER *(Entusiasmándose, a su vez, ante la euforia admirativa del otro.)* Bueno ... no creía que esto pudiera verse por ese ángulo, pero ... tiene razón, ¿sabe? Hay mérito en ello ...

CHINA *(Come con cada vez mayor rabia.)* ¿Mérito? ... ¡Virtud, caballero, virtud! ¿Hasta cuándo vamos a estar con eso de que la codicia es un pecado?[47] ... Es lo que opinamos nosotros, los frustrados ... los que por exceso de humanidad o muchos escrúpulos, terminamos filosofando ante una lata vacía de sardinas ... ¡Son ustedes los que obran con justicia!

TOLETOLE *(Bostezando.)* China, ¿no sería hora ya de subir? Tengo sueño ...

MEYER ¿Subir?

CHINA *(Golpea con la palma de la mano la frente de Toletole.)* Se le ha metido la idea[48] de que su señora esposa tal vez consentiría en cederle un lugarcito en su cama. De tanto desearlo, se le ha vuelto obsesión. ¡Pobrecita! *(La acaricia.)* ¡Vamos, estúpida, come! *(A Meyer.)* Siga, por favor ...

MEYER Bueno ... no crea que es oro todo lo que brilla. También esto de la riqueza tiene su lado ingrato ...

CHINA *(Rompe un huevo duro y se lo come.)* ¿Cómo así?

MEYER Se está en continuo conflicto con ciertas nociones románticas que persisten ...

CHINA ¿Tales como?

MEYER Gente que lo acusa a uno de quitarle lo que es de ellos ... De darles menos de lo que esperaban ... Pequeñas obreras feas con gestos de odio ... Hombrecitos que no dan la cara[49] ... Manos pedigüeñas ... Marañas de incriminaciones que roban el sabor de lo ganado ...

CHINA Comprendo ...

MEYER Y después ... la eterna preocupación por conservar lo adquirido ... Es como estar sentado ... sobre un cedazo, ¿comprende?

CHINA ¿En que los demás caen por los hoyitos y sólo usted queda sobre la malla?

MEYER Habla del dinero ...

---

[45] *lo ponía a salvo* he saved it. [46] *botar y botar* we spend and squander. [47] *¿Hasta cuándo vamos a estar con eso de que la codicia es un pecado?* How long are we going to live with that idea that greediness is a sin? [48] *Se le ha metido la idea* She has gotten the idea. [49] *que no dan la cara* who don't look at one.

CHINA   Ah, ¿y el dinero?

MEYER   Es arena. Se escurre por los bolsillos como arena. Con el gobierno, los impuestos, las instituciones de caridad, picoteando las manos[50] . . . Hay que poseerlo para conocer esa angustia . . .

CHINA   ¿Te das cuenta, Toletole, lo difícil que es? Y después hay gente que aspira a ser rica . . .   *5*

MEYER   A usted, que parece tener comprensión, le contaré un caso para que aprecie . . .

CHINA   Cuente . . . cuente . . .

MEYER   Hace años tuve un socio; instalamos una industria.[51] El puso el   *10* capital; yo, administraría. El día que inauguramos, ardió todo. Un desastre. ¿Sabe lo que hizo el tipo?

CHINA   *(Con la mayor naturalidad.)*   Se colgó de una viga de acero del galpón quemado, con una liga elástica azul estampada de flores de lis blancas.   *15*
MEYER   ¿Cómo lo sabe?

CHINA   Porque es inevitable que un tipo que ve arder su fábrica el día de la inauguración, cuando ha puesto en ello su vida y su esperanza tendrá que colgarse con una liga de flores de lis blancas, de una viga o algo semejante . . .   *20*

MEYER   Y dejando al socio cargando con las más absurdas incriminaciones . . .
CHINA   Que usted ocasionó la muerte para quedarse con el molido.[52]

MEYER   ¡Eso no es verdad! . . . ¡Eso nunca fue verdad!

CHINA   Que usted torciera las cosas de tal manera que el seguro de la   *25* fábrica quedara a su nombre.

MEYER   ¡Eso no es verdad!

CHINA   O que la mujer y los tres niños —dos hombres y una niña— vivieron, de ahí en adelante, en un infierno de necesidades y miserias.

MEYER   ¿Cómo podía saberlo? . . . *(Ha estado retrocediendo.)* ¿Quién es   *30* usted? ¿Cómo sabe esto?

CHINA   *(Con intensidad.)*   Porque son el género de imputaciones que se hacen a los tipos que, de la noche a la mañana,[53] después de la muerte de un amigo, aparecen dueños de la empresa . . . ¡Papanatas de ayer,[54] con tragaderas[55] de pirata y un alma podrida!   *35*

---

[50] *picoteando las manos* pecking away at your hands.   [51] *instalamos una industria* we set up a business.   [52] *quedarse con el molido* to keep the "dough", money, proceeds.   [53] *de la noche a la mañana* overnight.   [54] *Papanatas de ayer!* Yesterday's fools!   [55] *con tragaderas* with the greediness.

MEYER ¿Quién es usted?

CHINA Un hombre que merodea[56] ...

MEYER *(Aterrado.)* ¡El hermano que juró vengarse!

CHINA *(Con frío en la voz por primera vez.)* Usted se equivoca ... Usted
ve lo que no hay ... Me llaman «China»; uno de entre miles. Entre   5
nosotros no hay sentimientos de venganza; sólo una gran calma en
acecho ...

MEYER Mirelis ... ¿Qué es lo que deseas de mí?

CHINA *(Cambiando súbitamente a la voz anterior, pedigüeña.)* Un techo
para protegernos del frío, patroncito, y un poco de pan ...   10

MEYER ¡No bromees conmigo, Mirelis! ... ¡Fuera! ... ¡No le ofrezco
mi techo a un asesino!

CHINA Paciencia, patroncito, paciencia ...

MEYER ¡Fuera, he dicho! ... ¡Fuera, o te saco fuera!

> *Va a dirigirse a la consola en que guarda el*   15
> *revólver, cuando, con gran estrépito, se abre la puerta*
> *de calle y entra Marcela, la hija de Meyer. Es una*
> *hermosa muchacha de un poco más de veinte años,*
> *resoluta y firme. Hay en ella un gesto insolente y algo*
> *que le hace distinta del resto de su familia. Viste un*   20
> *elegante traje de noche.*

MARCELA *(Entra arrastrando el abrigo de piel que alguien ha arrancado de
sus hombros.)* Papá, ¿qué pasa? ... ¡La calle está llena de harapientos!
¡Hay dos hombres tendidos,[57] aquí, en el mismo zaguán de la casa! ¡Uno
trató de arrancarme el abrigo a la pasada! [58]   25

TOLETOLE Alí Babá ...

MARCELA Han colgado a Nerón de un pilar de la verja ... ¿Qué pasa,
papá?

MEYER *(Mirando a China.)* Una visita que hace tiempo había dejado de
esperar ...   30

MARCELA Pero, papá, han colgado a Nerón ... ¿Qué es esto? ...*(Pausa;
percibiendo la amenaza.)* Papá, llama a la policía ... Llama a la policía,
papá, ¿qué te pasa? *(Ante la actitud yerta de Meyer, va resuelta sobre el
teléfono; marca.)* ¿Aló? ¿Cuartel de Policía? Hablo de la casa de Lucas
Meyer ... Insurgentes 241 ... Se han entrado unos vagabundos a la casa y   35

---

[56] *que merodea* who lives by his wits.   [57] *tendidos* stretched out.   [58] *a la pasada* while I
was passing by.

no hay forma de sacarlos . . . ¿Aló? . . . ¿Por qué silba? . . . ¿Por qué silba, policía? . . . Aló, ¿qué pasa? ¿Quién habla?

TOLETOLE ◄El Manigua► . . . Le dejaron media lengua en una pelea; ahora sólo sabe silbar . . .

Marcela deja caer el fono y mira, atónita, al grupo. 5
Por el fono, que cuelga, se oye un silbido insistente.

MEYER *(Tras breve pausa.)*   Ven, niña . . . Vamos a dormir . . . Es tarde.

MARCELA   Pero, papá . . . ¿qué haces?   ¡Echa fuera[59] a esta gente! . . . ¡Haz que salga de la casa!

MEYER   Vamos, niña, no grites . . . No despiertes a tu madre . . . Te 10 explicaré . . . *(La toma de los hombros y la lleva hacia arriba.)*

CHINA *(Una vez solos.)*   Se asustaron, ¿ves? . . . Es lo que me temía. Hay que tener toda clase de consideraciones con ellos; viven al borde mismo[60] del susto . . . *(Va a buscar una alfombra, con la que cubre a Toletole y a sí mismo.)* De todos modos, hay que reconocerlo; nos ofreció su casa con 15 bastante dignidad . . . Ven, vamos a dormir un poco . . . *(Toletole apaga la luz y se tiende a su lado.)* Mañana va a ser un poco más duro.

TELON

CUADRO II

La mañana siguiente. La misma habitación. Al lado de la alfombra 20
doblada, se ven platos con restos de comida y botellas vacías. Para un rato
y baja Lucas Meyer, en bata; baja cautelosamente y se aproxima a la
ventana. Mira afuera. Afuera resuenan ahora risas y gritos. Lejos, un
clamoreo de voces y guitarreo.[61] Está en eso, cuando baja Pietá, en
negligé. 25

PIETA *(Bajando la escalera.)*   Lucas, ¿qué pasa? . . . ¿Quiénes son esa gente que está en el jardín? Me levanto y lo primero que veo por la ventana es esa gentuza . . . ¿Qué hacen aquí?

MEYER *(Se acerca a ella; toma sus manos.)*   Calma, mujer . . . Por favor, tienes que tener calma. 30

PIETA   ¿Calma? ¿Tú los dejaste entrar?

MEYER   Mujer, te explicaré, pero cálmate . . .

---

[59] *¡Echa fuera!* Throw out!   [60] *al borde mismo* on the verge of, on the brink of.   [61] *un clamoreo de voces y guitarreo* a clamor of voices and guitars being played.

PIETA *(Va hacia la ventana y mira al jardín.)*   ¡Mira, mı glorieta! ¡Mira cómo rompen mi glorieta! ... ¡Y mis flores! ... ¡Bailan sobre mis anémonas! *(Se vuelve, espantada.)* ¿Qué hace esa gente en nuestro jardín?

MEYER Ven, deja explicarte ... *(La lleva hacia un sillón.)*   5

PIETA ¡Echalos afuera, Lucas! ... ¿Qué estás esperando?

MEYER No puedo, mujer ...

PIETA ¿No puedes? ... ¿Qué ...

MEYER Tendrás que ser muy valiente, mujer ... Escucha ...

PIETA ¿Quién es esa gente, Lucas?   10

MEYER Los invasores, Pietá. *(Pausa.)* Los hombres que tiran abrigos a la fogata ... Que mandan monjas a meterse por los muros[62] ... Nos han hecho zancadillas con sus bastones de ciego.[63] Nos han metido a tirones flores en las solapas[64] ...

PIETA Lucas, ¿qué te pasa? ¿Te has vuelto loco?   15

MEYER Llegaron finalmente, Pietá ... Ya golpearon nuestra puerta. *(Afuera aumenta el canto con tamboreo.)* No he dormido una pestañada,[65] esperando que a la mañana todo esto no sería más que un sueño horrible; pero los ruidos aumentaron durante la noche. *(Mira a Pietá.)* Cruzaron el río, al fin ... Ya no los podemos parar.   20

PIETA Pero, ¿y la policía? ¿Qué hacen?

MEYER El Manigua está sentado en la silla del Prefecto ... Lo han cubierto todo, como un ejército de termitas ... Dejamos que su número creciera demasiado ... demasiado.

PIETA ¿Y qué vamos a hacer? ¿Nos vamos a entregar, así?   25

MEYER No sé aún. ¡No puedo pensar! Todo ha sido demasiado aturdidor ... *(De súbito.)* ¡La fábrica! ... Deben haber dejado intacto ese sector ... Está lejos del río; para llegar a él, hay que cruzar toda la ciudad. *(Corre hacia el teléfono; marca.)* ¿Aló, Camilo? El patrón ... ¿Cómo está todo allá? ... ¿No ha pasado nada? ... *(Suspiro*   30 *de alivio.)* Por nada, nada ... Escucha, Camilo, pon candado doble en los portones, ¿entiendes? ... ¡Doble! Y no abras a nadie hasta que yo llegue, ¿entiendes? ... ¿Cómo dices? ... ¿Los obreros? ... ¡A los obreros ábreles, idiota, ésos tienen que trabajar! ¿Qué quieres hacer con mi fábrica? *(Cuelga.)* Camilo no ha visto nada, eso quiere decir que no es   35

---

[62] *Que mandan monjas a meterse por los muros.* Who send nuns to slip through the walls.   [63] *Nos han hecho zancadillas con sus bastones de ciego.* They have tripped us with their blind man's canes.   [64] *Nos han metido a tirones flores en las solapas.* By yanking they have forcefully put flowers in our lapels.   [65] *una pestañada* a wink.

más que pillaje . . . No hay que ofrecer resistencia, ¿entiendes? Por ningún motivo; ¡ninguna resistencia!

PIETA   Pero, ¿y la casa . . . mis cosas?

MEYER   No importa la casa, mujer . . . Esto pasará . . . Sólo vienen a saciar sus estómagos hambrientos; démosles lo que quieren y se irán.   *5*

PIETA   ¿Con Marcela, tu hija, y esos brutos en la casa?

MEYER   La niña no sale de su pieza, por ningún motivo . . . No existe, simplemente . . . Dios gracias, Bobby aloja afuera . . . No hay problema por ese lado . . .

Marcela baja la escalera. Viste bata de levantarse.   *10*

MARCELA   ¡Qué quieres decir con eso, que no salga de mi pieza, papá? ¿No creerás que les tengo miedo a esos animales?

PIETA   ¡Marcela, vuelve a tu pieza, de inmediato!

MARCELA   No seas ridícula, mamá. Esta no es la Edad Media. *(A Meyer.)* ¿Qué te pasa, papá? ¿Tienes miedo? . . . Está bien, son saqueadores, ¿y   *15* qué? Algún día tenían que venir, más aún si nosotros nos arrinconamos como conejos asustados . . . *(Se vuelve hacia la puerta que da al jardín.)*

PIETA   Marcela, ¿qué haces?

MARCELA   Voy a arreglar esto . . .

Toma un látigo, que cuelga decorando un rincón   *20*
de la habitación.

MEYER   ¡Deja eso!

MARCELA   *(Desde la puerta del jardín.)* En tu fábrica no te he visto mandar. ¿Será que ésos, allá, tienen que obedecerte? *(Sale; se oye su voz afuera.)* ¡A ver, ustedes, mugrientos! ¿Qué hacen en esta casa? ¡Fuera!   *25* *(El tamboreo se acalla; cae un silencio amenazador.)* ¡Fuera, he dicho! . . . ¡A juntar esas tiras inmundas y a la calle! [66]

VOZ DE CHINA   ¡Quieto, Alí Babá!

MARCELA   ¿No me oyen? . . . ¡Voy a usar este látigo!

VOZ DE CHINA   No haga eso, señorita . . . ¡Quieto, Alí Babá!   *30*

Se oye un látigo afuera y un gemido. Luego, un
grito asustado de Marcela y un clamoreo de voces.

VOZ DE CHINA   ¡Dejen, imbéciles, dejen! ¡Suéltala, Alí Babá! ¡Suéltala!

---

[66] *¿A juntar esas tiras inmundas y a la calle!* Get those dirty rags together and leave!

Meyer, que había permanecido en la habitación,
corre fuera. Pietá llora y se tapa la cara. Afuera ceden
los gritos y vuelve a caer el silencio. Regresa Meyer
con Marcela en sus brazos. Sangra de la cara. Tras
ellos entra China y, luego, Alí Babá, un muchachote 5
huesudo, desgarbado. También sangra de la mejilla.
Pietá corre a recibir a Marcela, que solloza.

PIETA ¡Brutos! ... ¡Brutos! ¿Qué le han hecho a mi niña? *(Se la lleva*
escalera arriba.)

MEYER *(En cuanto desaparecen, tembloroso, pálido.)* Está bien, Mirelis, te 10
entiendo ... Quieres vengarte ... ¿Qué debo hacer?

CHINA *(Mirando el látigo en sus manos; duro.)* Nuestra piel se ha puesto
muy sensible al toque de esa clase de ... juguetes. *(Lo quiebra en*
pedazos.) Ella no debió usarlo ...

MEYER Te he preguntado ... ¿qué debo hacer? 15

CHINA Conservar un poco de modales[67] y tener prudencia, caballero ...
Ya verá que, a la postre,[68] todo será mucho más simple de lo que parece
ahora ... *(Tira los restos del látigo.)* Esto sólo entorpece el entendimiento ...

MEYER Ustedes han invadido mi casa ...

CHINA Sí, la situación es insólita, pero usted debe usar la cabeza ... 20
Siempre da lugar a tener que usarla[69] ... Ni más ni menos,[70] como usted
la ha usado para desembarazarse de competidores ...

MEYER Los negocios son juego limpio[71] ... Esto es saqueo.

CHINA Nombres, ¿ve usted? ... Lo mismo que ◄te descerrajo un tiro.►
Negocios, saqueo ... nombres ... ¿Quién establece la diferencia? 25

MEYER No quiero argumentar con ustedes ... Te he preguntado ...

CHINA *(A Alí Babá, que, después de vagar por la habitación, revolviendo los*
objetos, se ha acercado a la escalera y pretende subir por ella.) Por ahí
no, Alí Babá. Nadie sube por ahí. Ese es el recinto privado de los
caballeros. *(Alí Babá sale al jardín.)* Dígale a su hija que en el futuro evite 30
otra de esas provocaciones. Ese muchacho no sabe controlar su genio.

MEYER ¡Bestia!

CHINA Yo no usaría ese término. Es un torpe calificativo para definir a un
muchacho que no conoce otro techo[72] que el cuerpo de otros niños, ni
otro calor que el aliento de su perro ... 35

---

[67] *Conservar un poco de modales* Mind your manners a little. [68] *a la postre* in the
end. [69] *Siempre da lugar a tener que usarla.* There is always an opportunity to have to use
it. [70] *Ni más ni menos* Exactly. [71] *juego limpio* fair play. [72] *no conoce otro techo* he
has no other roof.

MEYER   Eso no evita que si esa bestia trata de tocar a Marcela, lo acribille a balazos.[73]

CHINA *(Sentándose cansadamente; ríe.)*   Usted me hace reír . . . «Acribillo a balazos» . . . Es incurable . . . ¿Cuántas de esas palabras caben en una cabeza como la suya? . . . ¿Qué harían ustedes, si no tuvieran los nombres, para darle armado[74] a todo esto? *(Muestra la casa.)* Usted tiene el caso de lo que acaba de suceder entre ese muchacho y su hija . . . Usted lo llama «crimen» y con eso ya la cosa tiene nombre y usted tiene de dónde agarrarse[75] . . . ¿Ha pensado alguna vez que el crimen es una consecuencia, y que sin causa no tiene nombre?   10

MEYER   No me interesan tus retruécanos, Mirelis . . . Quiero que me digas . . .

CHINA   Causa y consecuencia . . . Todo lo que hay aquí es consecuencia. *(Muestra la pieza.)* Estos muebles hermosos . . . la comodidad . . . la hermosa piel blanca de su hija . . . Las causas están ahí, afuera, haciendo ruidos . . . Parece que ha llegado el día de las causas . . . ¿Entiende lo que eso quiere decir? . . . No piense más en su honor, no se perturbe . . . Eso es sólo una consecuencia más . . . Las causas de hoy día, ya no conducen a eso . . .   15

MEYER   Manda a tu gente salir de mi casa, Mirelis . . . ¿Qué debo darte?

CHINA   Paciencia . . .   20

MEYER   No permitiré que un atado de desalmados[76] destruya lo que he juntado con trabajo y esfuerzo . . . Además, esto es un asunto que debemos arreglar tú y yo, ¿no es así? . . . *(Se oye un estruendo afuera. Meyer corre a mirar por la ventana.)* ¿Qué están haciendo con mis árboles?   25

CHINA   Las noches van a ser largas y heladas; cortan ramas para calentarse el cuerpo . . .

MEYER   Pero, diles que no sigan . . .

CHINA   Entre nosotros nadie da órdenes . . .

MEYER *(Va a sacar un fajo de billetes[77] que oculta tras los libros de la biblioteca.)*   Tengo sólo estos cien mil en casa . . . Hablando de causas, ésta es la mejor de todas . . . ¡Toma y fuera!   30

Afuera cae otro árbol.

CHINA *(Toma los billetes.)*   Cien mil, dice, ¿eh?

MEYER   ¡Sí . . . y despejen![78] . . . Eso les hará entender . . .   35

---

[73] *lo acribille a balazos* I'll riddle him with bullets.   [74] *para darle armado* to give you the framework, basis.   [75] *usted tiene de dónde agarrarse* you have something to hold onto.   [76] *atado de desalmados* bunch of merciless, heartless ones.   [77] *fajo de billetes* roll of bills.   [78] *¡despejen!* clear out!

CHINA *(Ladinamente, con súbita codicia.)* Usted cree . . . que sus vecinos, ¿nos darán otro tanto?

MEYER Supongo. *(Cae otro árbol.)* Di a tu gente que no siga destruyendo mi propiedad . . .

CHINA Bonita suma; cien mil, ¿eh? . . . *(Lo sopesa.)* Tiempo hace que no 5 estaba tan cerca de tanto molido . . . ¿Cuántos son? . . . Quiero decir: ¿Qué significan cien mil? . . . ¿Puedo comprarme, por ejemplo, un camión cargado de . . . coliflores, con cien mil?

MEYER Naturalmente . . . dos y medio camiones, más o menos.

CHINA *(Sonriendo.)* ¡Admirable! ¡Usted tiene una máquina en la 10 cabeza! ¿Cómo puede calcular tan rápido?

MEYER Práctica . . .

CHINA Dos y medio, ¿eh? *(Grita.)* ¡Toletole! *(Entra Toletole.)* Aquí hay algo que vale la pena ver . . . ¿Sabes lo que este caballero tiene en la cabeza? 15

TOLETOLE ¿Qué, China?

CHINA Una máquina calculadora[79] . . . Deberías ver cómo tira números . . . Hace los cálculos más increíbles en menos tiempo que tú te pillas una pulga[80] . . . *(A Meyer.)* Por favor, caballero, ¿por qué no hace una demostración, quiere? 20

MEYER No estoy para bromas, Mirelis . . .

CHINA *(Alcanza los billetes a Toletole.)* El caballero nos ha dado esto . . . Pregúntale cuánto se puede comprar con esto . . . son cien mil . . . él te lo dirá . . . Pregúntale cuántas coliflores te puedes comprar . . . Vamos . . . ¡Vamos, pregunta! . . . 25

TOLETOLE *(Confundida.)* ¿Coliflores?

CHINA Sí, coliflores . . . que tanto te gustan . . . *(Toletole hace un gesto desolado a Meyer.)* ¡Dos y medio camiones llenos, mujer! *(Acentúa la importancia de la revelación.)*

TOLETOLE *(No puede creerlo.)* Dos y medio . . . 30

CHINA Dos y medio, ni más ni menos . . . Si él lo dice, debe estar bien, porque él no se equivoca. ¿Qué me dices, ¿eh? ¿Qué me dices de comprarte dos y medio camiones llenos de coliflores y tirarlos al canal, eh? Para ver cómo se los lleva la corriente. *(Toletole da un brinco de alegría, aumentando su ferocidad feliz.)* Todo el inmundo canal cubierto 35 de coliflores, ¿eh? *(Ambos ríen.)* Dando tumbos corriente abajo.[81] . . .

---

[79] *máquina calculadora* adding machine. [80] *que tú te pillas una pulga* than it takes you to catch a flea. [81] *Dando tumbos corriente abajo* Tumbling downstream.

saltando los puentes, los tajamares ... Atascándose en las alcantarillas
como cráneos cortados,[82] ¿eh? *(Salta hacia la ventana.)* ¡Eh, ustedes!
¡Acérquense! ¡El señor Meyer, aquí presente, ha sido tan generoso de
regalarnos *cien mil pesos! (Los sacude.)* ¿Quiere alguno preguntarle lo que
se puede comprar con esto? ... ¡Es un técnico estupendo en la materia!   5
(Rugido afuera.) ¡A ver, tú, Cojo! ¿Qué te gustaría comprar con
esto? ... ¡Habla!

VOZ DEL COJO   ¡Una pierna de verdad!

Risas afuera.

CHINA   ¡El señor te va a decir si te puedes comprar una pierna con cien   10
mil! *(Se vuelve hacia Meyer.)* ¿Puede?

MEYER   No voy a responder esa broma de mal gusto.

CHINA *(Grita afuera.)* ¡El señor Meyer dice que no! *(Desilusión afuera.)*
Le robó un momento de alegría al pobre hombre ... Perdió su pierna de
una gangrena que pescó[83] en las minas de sal ... Los patrones alegaron   15
que no podían financiar un policlínico ... Fueron ellos mismos que lo
convirtieron en cesante consuetudinario.[84] Fue de mal gusto preguntarle
eso, es cierto ... *(Grita.)* ¡A ver, tú, Dulzura! ¿Qué te gustaría
comprarte?

VOZ DE DULZURA *(Ronca, aguardentosa.)* ¡Botones! ¡Un saco lleno de   20
botones de nácar!

Risas.

CHINA *(A Meyer.)* ¿Cuántos se puede comprar con esta cantidad?
(Muestra los billetes.)

MEYER   ¡Me niego a seguir esta chanza idiota!   25

CHINA   Vamos, déle el gusto a la pobre ... Nunca ha tenido un botón en
sus tiras[85] ... ¿Se imagina la alegría? Vamos ... *(Grita.)* Espera, Dulzura,
su cerebro está comenzando a funcionar ... ¡Luego te dirá!

MEYER *(De mala gana.)* A treinta pesos el botón, son ... tres mil
trescientos treinta y tres, coma, treinta y tres botones ...   30

CHINA   ¡Notable! *(Grita.)*¿Oíste, Dulzura? ¡Tres mil trescientos treinta y
tres botones! *(Gritos de alegría afuera.)* ¡Aquí tienes, toma! *(Tira
algunos billetes.)* ¡Compra! *(Hurras afuera.)* ¡Y tú, Roosevelt! *(Se
vuelve.)* ¡Tiene la obsesión de que se parece al Presidente! *(Grita.)* ¿Qué
deseas?   35

VOZ DE ROOSEVELT   ¡Paz! *(Abucheo;[86] silencio.)*

[82] *cráneos cortados* decapitated heads.   [83] *pescó* got.   [84] *en cesante consuetudinario* into a permanently unemployed man.   [85] *en sus tiras* on her ragged clothing.   [86] *Abucheo* Booing.

CHINA *(Tira billetes.)* ¡Compra lo que te haga falta! ¡Toma!

OTRAS VOCES *(Envalentonadas.)* ¡Para mí, una camionada[87] de mujeres! *(Alaridos.)* ¡Para mí, una jaula de canarios! *(Abucheo; China sigue tirando billetes y ríe feliz, en festín de jocosidad.)* ¡Un salchichón! . . . ¡Un salchichón de un metro de largo! [88] ¡Dos metros! ¡Cien   5 metros! . . . ¡Un kilómetro!

CHINA *(Se vuelve hacia Meyer.)* ¿Ve? ¿Ve lo fácil que es hacerlos felices?

VOCES ¡ . . . Un salchichón que dé la vuelta[89] al mundo! . . . ¡Dos vueltas! ¡Cien vueltas! ¡Un salchichón que llegue a la luna! *(Cada nueva ocurrencia va acompañada de nuevas risas; todo termina en un estruendo   10 infernal.)*

CHINA *(A Meyer, que finalmente también ha caído contagiado con la infantil alegría de las ocurrencias.)* ¿No tiene unos pocos más de estos . . . papelitos? (Muestra los últimos billetes.)*

MEYER Pero . . . usted se los lleva lejos de mi casa . . .   15

CHINA Eso depende de cuánto logre . . . entusiasmarlos, ¿comprende?

MEYER *(Aliviado.)* Sabía que a la larga[90] llegaríamos a entendernos. ¡Espere! *(Corre hacia la escalera. Grita.)* ¡Pietá! . . . ¡Pietá! *(Asoma Pietá.)* ¡Mujer, junta la plata que haya en casa y tráemela! *(Ante un gesto de duda de Pietá.)* ¡Tráemela, te digo! *(Desaparece Pietá.)* Ustedes están   20 haciendo todo esto sólo para . . . asustar a la burguesía indiferente, ¿no es verdad?

CHINA Un poco, sí . . .

MEYER Y en unos cuantos días de . . . desahogo, de expansión . . . se van, ¿eh? Ese es el plan, ¿eh?   25

CHINA De algunos, sí . . .

MEYER *(Amistoso.)* Lo sabía. Y no puedo culparlos, ¿sabe? Hasta les encuentro su poco de razón,[91] si me pregunta mi opinión. No es vida esa del otro lado del río . . . Siempre se lo estoy diciendo a mis amigos . . . ‹Hay que hacer algo por esa gente.› *(China asiente.)* Pero usted   30 sabe . . . el egoísmo . . .

CHINA Cómo no . . .

MEYER *(Más amistoso aún.)* ‹Los barrigones›.[92] como les dicen ustedes. *(Ríe.)*

CHINA Les damos otros nombres . . .   35

---

[87] *una camionada* a truck full. [88] *de un metro de largo* a meter long. [89] *dé la vuelta* that circles. [90] *a la larga* in the long run. [91] *su poco de razón* their little bit of reason. [92] *Los barrigones* Big-bellied ones.

MEYER   Sí, sí sé . . .

CHINA   Hijos de puta, los llamamos, y otros nombres . . .

MEYER   Sí, son un atado de piojosos,[93] si me pregunta mi opinión . . . Le meten a uno la mano en el bolsillo, si se descuida . . .

CHINA   Sí, lamentable . . .   5

MEYER   ¿Qué?

CHINA   Que tenga que alternar con ellos, si piensa así. Tremendo sacrificio. Siempre le estoy diciendo a Toletole: ‹estos ricos llevan su cruz› . . .

MEYER   ¡Me lo dice a mí! [94] Pero yo, al menos, tengo mi conciencia tranquila . . . Jamás me he dejado arrastrar a ninguno de sus negocios   10 sucios,[95] y no creo que me ha faltado ocasión. *(Afuera cae otro árbol.)* ¡Pero, diga a esa gente que no bote[96] mis árboles!

CHINA   *(Va a la ventana.)*   ¡Dejen eso! . . . El señor Meyer está rasguñando todo el molido[97] que tiene en casa para que dejemos en paz su propiedad . . . ¡De modo que se acabó!   15

Murmullos de desaprobación.

MEYER   ¡Eso es tener poder! Un silbido suyo y . . . *(Hace sonar sus dedos.)* Eso mueve al mundo . . . los líderes. Toda la sociopolítica y los buscapleitos que hurgan los libros de Historia están equivocados. Cristo se dejó clavar[98] en vano. El hombre no ama a su prójimo; eso es pasto para   20 las ovejas, lo que siempre importa a la postre es: talento . . . agallas[99] . . . materia gris. ¿No cree?

CHINA   Si mira hacia atrás, sí, pero la Historia también es futuro . . .

MEYER   ¿Lo dice por este negocio de cruzar el río? . . . Eso siempre ha sucedido y volverá a suceder. Son convulsiones del cuerpo social que en   25 nada afectan la imperturbable salud del mundo. *(Baja Pietá.)* ¡A ver, a ver, pasa! *(Le arrebata el dinero de las manos.)* ¡Aquí tiene! *(Se lo pasa a China.)* Y esta vez no lo reparta todo, ¿eh? . . . *(Saca una tarjeta.)* Y si alguna vez usted necesita algo, aquí está donde puede encontrarlo . . . Mi dirección . . . Sin que ellos tengan por qué saberlo . . . ¿nnh?   30

CHINA   Se lo agradecerán . . .

MEYER   Deje, no quiero sentimentalismos. Vaya y diga a esa buena gente que apaguen esas fogatas y levanten esa glorieta, ¿quiere? . . . Que arreglen

---

[93] *un atado de piojosos* a bunch of lousy ones.   [94] *¡Me lo dice a mí!* You're telling me!   [95] *Jamás me he dejado arrastrar a ninguno de sus negocios sucios* I have never allowed myself to be dragged into any of their dirty deals   [96] *no bote* not to knock down, cut down.   [97] *está rasguñando todo el molido* scratching together all the "loot," money.   [98] *se dejó clavar* let himself be nailed to the cross.   [99] *agallas* guts, courage.

un poco el desorden que han dejado, ¿eh? *(Lo empuja, casi, hacia la puerta del jardín.)* Y dígales que Lucas Meyer será siempre su amigo . . . De ahora en adelante me ocuparé personalmente de ustedes . . .

CHINA Usted es un alma generosa. Lo supe del momento que vi el porte de su hielera,[100] caballero . . . *(Sale.)*   5

PIETA Y esto . . . ¿qué es? ¿Qué tratos son éstos . . . con esa gente?

MEYER ¿Por qué?

PIETA ¡Esos monstruos! ¿Cómo puedes hablar siquiera con ellos?

MEYER ¿Qué? ¿Esos infelices? . . . Vamos, mujer, no exageres . . . Esos pobres diablos; son completamente inofensivos.   10

PIETA Lucas, tu hija . . . ¿No viste cómo le dejaron la cara?

MEYER Ella golpeó primero.

PIETA *(Grita casi.)* ¡La pobre está arriba, en cama, con ataque histérico![101] ¡Se quiere matar! ¡Está arruinada con esa cicatriz!

MEYER Ella golpeó primero. *(Acentúa las palabras.)* Esos tiempos han   15 pasado, Pietá . . . La piel de esa gente se ha vuelto sensible a esa clase de . . . juguetes. Tienen privilegios, ahora, que debemos respetar. *(Ante la perplejidad de Pietá.)* Además, desde un punto de vista cristiano . . . merecen nuestros cuidados, ¿no te parece?

PIETA Lucas, tú tienes miedo.   20

MEYER ¿Miedo, yo?

PIETA Cualquier cosa, menos eso, ¿entiendes? De ti, cualquier cosa, menos eso . . . Si nos dejas solos . . .

MEYER Pero, mujer, ¿qué te pasa? ¿No oíste los gritos de alegría de esos inocentes, porque les repartía unos míseros pesos? Creo que deberíamos ir   25 de vez en cuandro al otro lado del río . . . Podría resultar educativo.

PIETA No puedes ser tú quien habla así . . .

MEYER ¿Dónde vamos con ese pesimismo, mujer? . . . Un poco más de buena fe . . . *(Con ironía.)* ¿No perteneces tú a una docena de instituciones de caridad? ¿Qué caridad[102] les enseñan en esas instituciones?   30

PIETA *(Sin poder contenerse ya, grita.)* ¡Lucas, esos monstruos destruirán tu casa!

MEYER ¡Tonterías! Esta no es más que una . . . incursión inocente, producto de su curiosidad infantil . . . Ya verás cómo vuelven a sus cuevas; les di una razón incuestionable . . .   35

---

[100] *el porte de su hielera* the appearance of your icebox. [101] *con ataque histérico* with an attack of hysterics. [102] *¿Qué caridad?* What kind of charity?

> *En ese momento se oye un ruido en la puerta de*
> *calle. Es Bobby, el hijo. Trae valija y raqueta de tenis.*
> *Tenida de sport. Es un muchacho fuerte, franco,*
> *saludable.*

PIETA *(Abalanzándose sobre él, lo abraza y besa con angustiado*   5
frenesí.) ¡Niño, mi niño! *(Palpa su cara.)* ¿Nada? . . . ¿No te han hecho
nada?

BOBBY *(Semi zafándose.)* Pero, mamá . . . ¿Qué te pasa?

PIETA ¿Estás bien? . . .

BOBBY Claro que sí, mamá . . . ¿Por qué? . . . *(Mirando a Meyer.)* ¿Qué le   10
pasa?

PIETA Ha pasado algo espantoso, hijo . . .

MEYER No le oigas a tu madre; va a exagerarlo todo.

PIETA *(Grita.)* ¡Tú, mejor te callas! *(A Bobby.)* Algo espantoso,
hijo . . . Anoche ha caído una horda de vándalos sobre nuestra   15
casa . . . Una horda de forajidos que abusan de tu hermana . . . destruyen
mi jardín . . .

MEYER Vamos, mujer, contrólate . . .

PIETA Una manada de harapientos de la peor clase, Bobby . . . Crápulas del
bajo mundo[103] . . . ¡Bestias!   20

BOBBY *(A Meyer.)* ¿De qué está hablando? *(Con naturalidad.)* ¿De los del
otro lado del río?

PIETA Sí, ésos, Bobby . . . Están ahí en el jardín. *(Indica.)* Y, tu padre no
hace nada.

BOBBY Esos no son crápulas. Son los pobres de tu ciudad.   25

PIETA Bobby, éste no es el momento para tus ideas disparatadas.[104]

BOBBY *(Grita.)* ¡Entonces no los llames crápulas, mamá! *(Pietá*
enmudece, abismada, con brillo en los ojos.) Los vi llegar, anoche.
Caminando . . . Casi flotando, en grupos de marcha compacta, cruzando
potreros, saltando alambradas. Cientos de ellos. Miles. *(A Meyer.)*   30
Cantaban mientras venían cruzando las carreteras, papá. ¡Un enorme
hormigueo de alegría! [105] ¡Hombres! ¡Mujeres! ¡Niños! *(Abraza a*
Meyer.) ¡Al fin, papá! ¡Al fin! ¡Nadie podía detener esto!

PIETA Ni siquiera el honor de tu familia . . .

---

[103] *Crápulas del bajo mundo* Debauched ones from the slums. [104] *ideas disparatadas* foolish
ideas. [105] *¡Un enorme hormigueo de alegría!* A great feeling, "itching" of happiness.

BOBBY *(Sin oírla.)* ¿No te decía que esto no había manera de impedirlo, papá? ... Siglos de abuso borrados de una plumada ... ¿Creías, en verdad, que iban a poder soportar mucho tiempo más el régimen de explotación en que vivían?

PIETA *(Temblando.)* No creas que tú mismo vivías tan al margen[106] de   *5*
ese régimen, Bobby ...

BOBBY *(Mirando su raqueta de tenis.)* Sí, estas cosas ... Restos de una cultura de ostentación que terminó ... Ayer sentí vergüenza por esto ... Estábamos jugando en casa de Julián y, de pronto, esa gente comenzó a meterse al parque ...   *10*

PIETA *(A Meyer, espantada.)* Lucas, también a la casa de los van Duron ... El hombre con más influencias de la ciudad ... ¿Aún sigues llamando a esto un juego inocente?

BOBBY Al rato rodeaban la cancha y seguían el juego con gritos de aprobación ... Corrían tras las pelotas, tropezando con sus harapos, y las   *15*
devolvían con los ojos radiantes ... Como niños que tratan de ser útiles. *(Sincero.)* Era tierno y terrible, papá ... Ha llegado el momento de reparar el daño hecho ...

PIETA Ese momento también se volverá realidad para ti. Te quitarán tu ropa fina, tu comida de todos los días.   *20*

MEYER Mujer, vamos ...

PIETA Te llevarán a vivir en barracones, abrazado de sacos con piojos.[107] ¡Comerás de pailas grasientas! ¡Te volverán un bruto![108] *(Se ha ido alterando.)* No te crié para eso ... no para eso. *(Cae sobre sí misma y llora; Meyer acude a ella.)*   *25*

BOBBY *(Angustiado.)* No entiendo ... Ella no entiende ...

MEYER Vamos, mujer ... No dejemos que este asunto nos tome los nervios[109] ... Conservemos la calma ...

PIETA Pero cómo puedo yo, cuando nuestro propio hijo ...

MEYER En este momento, lo importante es mantener la unidad de la   *30*
familia.

BOBBY Ella sólo ve el lado personal del asunto.

MEYER ¡Y tú, te callas! ... Le has faltado el respeto a tu madre. *(Calmándose; es el hombre que ha recuperado el mando de su casa; patronal; torpe.)* Esta gente sólo quiere ... divertirse, Bobby; distraerse un   *35*

---

[106] *tan al margen* so on the edge, fringe.   [107] *abrazado de sacos con piojos* surrounded by sacks full of lice.   [108] *¡Te volverán un bruto!* They will turn you into a beast!   [109] *No dejemos que este asunto nos tome los nervios.* Let us not allow this matter to upset us.

rato ... Una vez saciado su instinto, se irán ... *(Retórico casi.)* Son ellos
los primeros en sentirse mal en este ambiente ... Tendrán ansias de volver
a la promiscuidad ... Todo pasará, como todo pasa alguna vez ... Anda a
estudiar ... Y, tú, Pietá, sube a tu pieza y descansa ... Voy a mi trabajo.
(Descuelga su abrigo de la perchera.)   5

> *En ese momento se oye afuera un estruendo. Es un*
> *muro que cae.*
> *Todos van hacia la ventana.*

PIETA *(Demudada.)*   ¡El muro!   ¡Echan abajo[110] el muro de los
Andreani! Mira cómo entra más gente por el boquete. *(Se vuelve hacia*   10
Meyer.) ¿Qué significa esto, Lucas? ¡Oh, Dios mío! ¿qué quiere decir
esto?

> *Afuera se oyen gritos de saludo, vivas y risas.*

MEYER *(Pálido.)*   Cientos ... Miles ...

BOBBY *(Exaltado.)*   El ocaso de la propiedad privada.   15

> *Se mueve como iluminado[111] hacia la puerta del*
> *jardín.*

PIETA *(Reteniéndolo.)*   ¿Dónde vas, Bobby?

BOBBY *(La mira, no la ve.)*   A decirles lo que siento ...

PIETA   Tú te quedas ...   20

MEYER *(Se adelanta, ansioso.)*   No, déjalo ... Anda, hijo, anda ... Tú
sabes hablar el idioma de esta gente; te comprenderán. Anda y diles que
Lucas Meyer es su amigo ... Que no les deseo ningún mal ... Diles eso,
con la convicción que tu posees, hijo.

PIETA *(Espantada.)*   ¡Lucas!   25

MEYER   Y que respeten a tu madre, Bobby. Diles eso, también. *(Sale*
Bobby.)

MEYER   Somos viejos, Pietá, nos hemos quedado atrás ... Estos niños nos
dan lección.

PIETA *(Segura ahora.)*   Tienes miedo.   30

MEYER   Ya me decía yo que esas monjas no eran irreales ... El mundo
cambia y hemos estado demasiado preocupados de nosotros mismos.
Ahora el piso tiembla a mis pies. *(Afuera se oye la voz de Bobby que*
arenga a la multitud con frases de bienvenida.) Escucha a ese muchacho ... Escucha cómo está a la altura de los tiempos.[112] *(Gritos de*   35

---

[110] *Echan abajo* They are knocking down.   [111] *como iluminado* as if enlightened.   [112] *a la*
altura de los tiempos up with the times.

aclamación afuera.) Escucha. *(Se encoge, de pronto.)* Sin embargo, yo tendré que pagar más que los otros. *(Cae sentado.)*

PIETA *(Aún no entiende.)* ¿Qué significa esto, Lucas? Ayer, nada más, estábamos tan bien . . . Todo parecía tan normal.

MEYER *(Admirativo.)* Escucha . . . ¡Escúchalo! 5

> *Sigue oyéndose la voz de Bobby. Llegan retazos de*
> *frases, que lentamente van perdiendo hilación y*
> *lógica . . . Al final surgen como voces de mando.*
> *Secas, cortantes, rotundas, como ladridos. Las*
> *aclamaciones que siguen las palabras, también van* 10
> *perdiendo su cualidad cálida y se tornan ladridos.*[113]

VOZ DE BOBBY Estudiantes con conciencia de clase. *(Aclamaciones.)* Bienvenidos a esta casa. *(Aclamaciones.)* Dictadura del proletariado . . . *(Aclamaciones.)* Igualdad, libertad y fraternidad . . . *(Gritos.)* Fraternidad, libertad e igualdad . . . *(Gritos más secos.)* Iguales en igualdad . . . *(Gritos.)* 15 Igualdad en iguales . . . *(Gritos.)* Igualización . . . igualizando . . . igualice- mos . . . alicemos . . . licemos . . . emos . . . os . . . sss . . . ss . . . s . . . *(Y de pronto cae el silencio. Un largo silencio. Y luego, nuevamente, la voz ahora incierta de Bobby.)* . . . ¿Qué? . . . No están de acuerdo conmigo? . . . ¿No sienten lo mismo? . . . ¿Desconfían de mí? . . . *(Luego, alterado.)* ¿Qué 20 hacen? . . . ¡no, déjenme! . . . ¡Suéltenme! . . . ¡Papá! . . . ¡Papacito! . . . ¡Socorro!

MEYER *(Que ha saltado hasta la puerta del jardín.)* ¿Qué están haciendo con el muchacho? . . . ¡Suéltenlo! . . . ¡Tú, depravado, diles que suelten a mi hijo! 25

> *Aparece China, junto a Meyer.*

MEYER ¡Maldito! . . . ¡Dígales que dejen tranquilo a mi hijo![114]

CHINA ¿Cuántas ligas azules estampadas con flores de lis blancas, se pueden comprar con cien mil pesos, señor Meyer?

> *Saca unas ligas y se las muestra. Afuera se cierne* 30
> *ahora el silencio. Entra Toletole. Luce una corona*
> *hecha de flores.*

MEYER *(En medio del mayor silencio.)* Hice eso en juego limpio, Mirelis. Tu hermano no era inocente . . . No puedes castigar a mi familia por eso . . . *(Va y le toma de la solapa.)* Te lo doy todo . . . Todo, ¿en- 35 tiendes? . . . pero déjame en paz.

---

[113] *se tornan ladridos* become barks. [114] *¡Dígales que dejen tranquilo a mi hijo!* Tell them to leave my son alone!

CHINA   Ya no hay nada que se pueda pagar.

MEYER   Mi fábrica, todo, ¿entiendes? . . . ¡Lo que me pidas!

CHINA   ¡Llame!

MEYER   Sí, llamaré . . . Daré instrucciones que te entreguen lo que se te
ocurra . . . Todo es tuyo. *(Marca el fono.)* Aló, Camilo, aló . . . ¿Qué?   5
¡Hable más fuerte! . . . Más fuerte, le digo . . . ¿Quién habla? . . . Aló,
¿quién habla? . . . ¡Más fuerte, no le entiendo!

TOLETOLE   El Benito Juárez . . .

MEYER   *(Se vuelve espantado hacia China.)*   ¡Oh, Dios mío, ten piedad de
mi familia! *(Deja caer el fono, a través del cual sigue surgiendo una voz.)*   10

CHINA   *(Con fraseo lento*[115] *y sin expresión, del que las palabras se van
desgranando implacables.)* El Benito Juárez habla despacio porque le
tiene horror a la violencia . . . Es un mestizo alto, casi gigantesco, de
facciones toscas y pelo negro, que a pesar de su exterior brutal, tiene el
alma de un niño . . . Puede estrangular a un perro con dos dedos, o   15
quebrarle el espinazo a un ternero con sólo doblar su antebrazo, pero entre
nosotros es conocido porque cuida párvulos,[116] cuando sus madres tienen
que salir a trabajar . . . En sus grandes brazos, los niños se duermen como
en una cuna . . . Mientras hace así, canta canciones . . . Suavemente,
delicadamente, se pone a entonar canciones . . . Canciones tontas . . .   20
Canciones ilusas . . . Canciones que hablan de la bondad entre los
hombres . . . Canciones que todos se acercan a oír en silencio, porque la
esperanza es un alimento necesario de los hambrientos . . . Nadie puede
cantar así, con esa suavidad y esa ternura, si no tiene frío en los pies y
barro entre los dedos . . . el cielo estrellado como testigo. *(Saca de su*   25
bolsillo, una cantidad de palomitas de papel[117] *que han sido hechas con*
los billetes de Meyer.) Aquí están sus cien mil, caballero. *(Caen al suelo.)*
No falta ninguno . . .

MEYER   Mirelis . . . ¿qué va a pasar con nosotros?

CHINA   No sé, todo sucederá a su debido tiempo.[118] Ya le dije; tenga   30
paciencia.

MEYER   Pero ustedes deben tener un plan . . . ¿Cuál es ese plan que
tienen?

CHINA   Nuestro plan en el futuro . . . Lo improvisaremos.

PIETA   ¿Y Bobby? ¿Qué harán con él?   35

CHINA   Es un buen muchacho . . . Será un buen compañero.

---

[115] *con fraseo lento* with slow phrasing.   [116] *cuida párvulos* Takes care of children.
[117] *palomitas de papel* little paper doves.   [118] *a su debido tiempo* at its proper time.

En ese momento entra Bobby del jardín. Impul-
sado por varias manos que lo empujan dentro de la
habitación. Le han amarrado, fuertemente atado con
cuerdas, un cartel,[119] *que oprime su pecho y que*
dice, garabateado[120] *con letras inciertas: «Palabras».*   5
Un instante trastabilla por la habitación, y luego cae
en el medio de ella.

TELON

ACTO SEGUNDO

Madrugada. Cuatro días después. La habitación está ahora desmantelada.   10
Hay orden. Afuera se oyen voces y ruidos de martillero. Bobby, de tosco
overall hecho de lona vieja, rompe sistemáticamente uno de los muebles de
estilo,[121] *que aún están en la habitación. De pronto se oye arriba un grito.*
Es Marcela que baja despavorida, corriendo escalera abajo. Luce sobre el
rostro una emplástica.   15

MARCELA *(Se abraza a él.)*   ¡Oh, Bobby! ¡Socorro!

BOBBY *(Indiferente.)*   ¿Qué te pasa ahora?

MARCELA   ¡Los hombres, Bobby! . . . ¡Los espectros!

BOBBY   ¿Qué hombres? ¿Qué espectros?

MARCELA   ¡Están en mi pieza!   20

BOBBY   ¿Quién?

MARCELA   ¡Las caras . . . las mismas caras que ayer se asomaron por la
ventana!   Ahora, se metieron a mi pieza, por el muro, Bobby . . . y se
pusieron a bailar . . . Bailaron alrededor de mi cama . . . un baile espantoso . . . rodando los ojos . . . sonando la lengua como espantapájaros del   25
infierno[122] . . . ¡Bobby, ayúdame, no te separes más de mí!

BOBBY   Trabaja; haz algo y te dejarán tranquila . . . Encerrada todo el día
en tu pieza, tu cabeza se llena de fantasmas. *(Sigue hacheando.)* Afronta
los hechos.[123]

MARCELA *(Se derrumba.)*   No puedo . . . todo esto es demasiado espan-   30
toso.

---

[119] *Le han amarrado . . . un cartel* They have tied a sign on him.   [120] *gara-*
bateado scrawled.   [121] *uno de los muebles de estilo* one of the period pieces of furniture.
[122] *sonando la lengua como espantapájaros del infierno* making sounds with their tongues like
scarecrows from Hell.   [123] *Afronta los hechos.* Face the facts.

BOBBY   Tienes que poder . . . No habrá otro mundo en el futuro.

MARCELA   Estoy como paralizada. Nadie me había dicho que esto pudiera suceder. Se hablaba, es cierto, pero era tan increíble que nadie perdía un minuto en pensar en ello. Bobby, no podemos hacer nada. Arrasarán con nosotros[124] . . .   5

BOBBY   No es como tú crees. *(Mueve la cabeza.)*

MARCELA   ¿Qué no ves cómo trabajan como hormigas rabiosas?

BOBBY   Sí, precisamente . . . Como hormigas, rabiosas para recuperar el tiempo perdido . . . Unete a ellos, entonces . . . Aún es tiempo; eres joven . . . *(Marcela niega con la cabeza.)* Marcela, ¿no sientes, no te es claro   10
ahora, que hemos estado como . . . enterrados vivos?[125] ¿Que ahora se están abriendo nuestras tumbas?

MARCELA   Tengo miedo.

BOBBY   ¿Que la vida está volviendo?

MARCELA   *(Comienza a monologar.)*   ¡No estamos con ellos! . . . No   15
puedo . . .

BOBBY   *(Se pone a trabajar intensamente.)*   El tiempo es corto para expiar la injusticia que hemos cometido.

MARCELA   Nos resienten . . . lo presiento . . .

BOBBY   Me han ordenado llevar esta leña para calentar el desayuno de la   20
gente . . .

MARCELA   Bobby ¿qué nos va a pasar? *(Lo mira.)*

BOBBY   *(Saliendo hacia el jardín con un atado de leña.)*   Hoy llegarán las máquinas y cien hombres, para levantar el ladrillar[126] . . . ◀Que no falte el desayuno para el escuadrón▶, me ordenaron . . .   25

MARCELA   *(Tratando de seguirlo.)*   ¡Bobby! ¿Qué es esto? ¿Qué significa? ¿Qué hago, Bobby?

BOBBY   *(Se detiene.)*   Trabaja . . . *(Sale.)*

> *En el momento en que sale Bobby, por los muros*
> *se deslizan y reptan tres extrañas figuras. Son Tole-*   30
> *tole, Alí Babá y el Cojo, que se han adornado con*
> *ramas secas y tiznado la cara[127] que, al compás de la*
> *música incidental, bailan un ritual distorsionado y*
> *grotesco, cerrando círculo alrededor de Marcela.*

MARCELA   ¿Qué . . . qué quieren? ¿Quiénes son ustedes?   35

---

[124] *Arrasarán con nosotros.* They'll finish us.   [125] *enterrados vivos* buried alive.   [126] *levantar el ladrillar* to build the brickyard.   [127] *tiznado la cara* blackened their faces.

TOLETOLE   ¡Espectros del hambre!

MARCELA   ¡Déjenme! No les he hecho nada . . .

TODOS   Nada . . . nada . . . nada . . . nada . . .

MARCELA   ¿Qué es lo que quieren?

TOLETOLE   ¡Darle unos regalos!   5

EL COJO   ¡Para que no se asuste!

ALI BABA   ¡Para que el susto no le salga por el susto!

Ríen.

Se detiene, bruscamente.

TOLETOLE   Para que comprenda nuestra buena voluntad.   10

EL COJO   *(Sacando un esqueleto seco de perro del saco que carga sobre sus espaldas, se lo presenta serio.)*   ¿Has visto alguna vez un perro muerto en un charco de barro a la luz de la luna? *(Lo sacude ante ella.)*

TOLETOLE   *(Saca un estropajo amarillo, que es un viejo vestido ajado[128] de mujer pobre. Y se lo pone sobre la falda.)*   ¿O una mariposa amarilla   15 aleteando[129] en una botella de cerveza?

ALI BABA   *(Saca una pata de palo quebrada.[130])*   ¿O un puño de esclavo revolviendo una torta de crema?

EL COJO   ¡Mi pata! . . . ¡Mi linda patita! ¡Devuélveme mi pata!

Corre tras Alí Babá, y tras ellos, Toletole. Los tres   20
saltan y ríen. Aprovechando el aparente descuido de
los otros, Marcela se desliza hacia la escalera, pero
antes que llegue a ella, la vuelven a rodear.

TODOS   ¿Qué no le gustan nuestros regalos a la linda princesa?

MARCELA   Por el amor de Dios, déjenme . . .   25

TODOS   ¿No le gustan?

MARCELA   Por favor . . . *(Gime.)*

ALI BABA   *(Decepcionado.)*   No le gustan.

EL COJO   *(Triste.)*   Malo . . . Malo . . .

TOLETOLE   Raro . . . habiendo tostado al sol su cuerpo, toda la vida.   30

MARCELA   Por favor . . .

ALI BABA   *(Poniendo ante su cara su manaza extendida.)*   Tengo una mano

---

128 *ajado* crumpled.   129 *aleteando* fluttering.   130 *una pata de palo quebrada* a broken wooden leg.

de cinco dedos . . . Con cada uno de estos dedos podría tatuarte[131] . . .
Sacar toda la cerveza que tienes en tu blanco cuerpo[132] . . .

> *Marcela lanza un grito y corre escalera arriba. No*
> *se lo impiden.*

TOLETOLE   *(Triste.)*   Se asustó. Es una lástima, pero se asustó . . .   5

EL COJO   Tal vez fue demasiado; no debimos llegar a tanto[133] . . . Se nos
pudo haber quebrado . . .

ALI BABA   Sus caras de pánico se caen a pedazos[134] . . . Es como ver
trizarse un vidrio . . . Podría asustarlos tanto, que todo el suelo crujiera de
vidrios rotos . . .   10

TOLETOLE   Esto no le va a gustar a China . . .

ALI BABA   *(Grita.)*   ¡A la mierda tu China!

EL COJO   Nos estamos cansando de esperar . . . que entiendan. Otros se nos
unen sin tanta espera.

ALI BABA   Sí; quisiera quebrar, al fin, algunos pescuezos . . .   15

TOLETOLE   De todos modos, no le va a gustar a China. Dice que si debía
haber violencia, que viniera de ellos . . . «Si la violencia viniera de nosotros
—dice— no bastarían siglos para lavar tanta sangre.»

ALI BABA   De modo que . . . esperar, ¿eh? ¿Eso es lo que quiere?

TOLETOLE   Sí, eso . . . «Aún no han comprendido —dice—, debemos tener   20
paciencia.»

EL COJO   Total, mientras nos divertimos . . . Cuanto más rápido camina
Meyer en su pieza, más divertido es . . . Parece que cada vez que pasa
frente a la ventana va más agachado.[135] ¡Pobre! . . . No tiene sentido del
humor.   25

> *En ese momento entra China, portando unas*
> *maderas.*

CHINA   ¿Y ustedes cómo entraron?

TOLETOLE   Por el muro, China . . .

CHINA   Para divertirse un rato, ¿eh?   30

ALI BABA   *(Desafiante.)*   No, para asustarlos . . .

EL COJO   Sí, para hacer saltar un poco la liebre . . . ¡Y cómo salta!
(Imita.) ¡Oooh! . . . ¡Uuuh! . . . ¡Déjenme! ¡No les he hecho nada! . . .
¡No les he hecho nada! . . . *(Ríen.)*

---

[131] *podría tatuarte* I could tattoo you.   [132] *Sacar toda la cerveza . . . cuerpo* (I could) drain your white body of all the beer (blood) it contains.   [133] *no debimos llegar a tanto* we shouldn't have gone so far.   [134] *Sus caras de pánico se caen a pedazos* Their panic-stricken faces break into pieces.   [135] *va más agachado* he is more cowed, dejected.

CHINA   Bueno, ese juego se acabó ahora . . . Hay mucho que hacer, afuera.

ALI BABA   ¿Sí? ¿Qué hay por hacer, China? ¿Lustrar los zapatos a Meyer? ¿Calentarle la camisa?

EL COJO   Hace cuatro días que esperamos y nada le pasa.

CHINA   Nada le pasará que tú puedas ver . . . Hay que esperar . . .   5

ALI BABA   ¿Hasta que todos se te camuflen?[136] El hijo ya anda entre nosotros, como uno de los nuestros . . . Esconde su pescuezo bajo el cuello de un overall . . .

CHINA   *(Lo mira por primera vez.)*   Para ti, Alí Babá, todo parece ser cuestión de pescuezos, ¿eh?   10

ALI BABA   Todos tienen uno y todos se cortan . . .

EL COJO   Ayer, cuando volvía del Gran Almacén de buscar el estofado, vi a algunos de ellos, clavados con chuzos[137] a las puertas de sus casas . . . «Por resistirse», decían unos carteles que les colgaban del cuello . . . En el canal hay otros, atados a las aspas de la turbina[138] . . .   15
Hace cuatro días que dan vueltas, entregando luz a la ciudad[139] . . .

ALI BABA   No hociconees[140] más, Cojo . . . Se te caerán los dientes, pero él no entenderá . . . Es de los pacíficos . . .

CHINA   Una venganza trae otra . . . A la cabeza que corta el hacha, le crece un nuevo cuerpo . . .   20

ALI BABA *(Hace un gesto despectivo con la mano.)*   ¡Ah! ¡Vamos, Cojo! . . . Yo me voy de esta casa . . . Me voy a trabajar con los otros . . . *(Se aleja hacia la puerta del jardín.)*

CHINA   Mira, chiquillo, yo he hecho esto igual que tú . . . Tanto como tú, me he alzado, sin palabras, porque también pienso que las ideas se han   25
agotado . . . Creo tanto como ustedes en eso, pero . . . yo no quiero muertes . . . ¡Para ellos quiero *vida*! . . . ¿Comprendes? . . . Una vida lenta, larga y lúcida . . . Tan larga y lúcida como la han llevado hasta ahora, pero a la inversa[141] . . . ¡Con todo el horror de la certeza de no poder saquear más! *(Se calma.)* Reclamo a Meyer para eso . . .   30

ALI BABA   Esas son tus ideas. Para mí los cambios que valen se tocan o se quiebran[142] . . .

CHINA   No puedo retenerlos aquí . . .

---

[136] *¿Hasta que todos se te camuflen?* Until they all camouflage themselves?   [137] *clavados con chuzos* nailed with pikes.   [138] *atados a las aspas de la turbina* tied to the blades of the turbine.   [139] *Hace cuatro días . . . . a la ciudad* They have been turning for four days bringing light to the city.   [140] *No hociconees más* Don't poke your nose in anymore.   [141] *a la inversa* the other way around.   [142] *Para mí los cambios . . . o se quiebran.* For me the changes that are worthwhile are visible or violent.

ALI BABA   Se te irá entre los dedos . . . Espera y verás cómo se te va . . .

CHINA   *(Se acerca a él.)*   No se me irá, no temas . . . Está todo previsto . . . Aún hay soberbia en él . . . . . . Aún tiene muchas cosas que alegar . . . Muchas actitudes que adoptar . . . Muchas revelaciones que recibir . . . Yo sabré cuándo sea el momento . . .   5

ALI BABA   Y eso . . . ¿cuándo será?

CHINA   Por lo mismo que es doloroso, será muy simple . . . Más simple de lo que él se imagina, en verdad. Ahora sólo ve terror en lo que pasa y levanta muros de resistencia . . . Esperemos que venga la calma para que descubra la buena fe. Y ahora, déjenme solo . . .   10

> *Sólo Toletole queda. Los otros salen.*

TOLETOLE   Están reclutando mujeres para ir a arar las colinas, pero yo quiero quedarme aquí contigo.

CHINA   Anda . . . Todos tenemos que servir a nuestra manera.

TOLETOLE   Pero yo quiero quedarme aquí contigo, China.   15

CHINA   Quédate, entonces.

TOLETOLE   Pero parece que tú no me necesitaras.

CHINA   Te necesito.

TOLETOLE   Me quedo, entonces. En las plazas están enseñando a leer a los que no saben. ¿Aprendo a leer, China?   20

CHINA   Aprende.

TOLETOLE   ¿Crees que podré?

CHINA   Todos podemos.

TOLETOLE   ¿Puedo llevar estos libros?

CHINA   Llévalos.   25

> *Toletole va a buscar los libros.*

TOLETOLE   Te los leeré algún día. Todos. *(Sale.)*

> *China trabaja con sus maderas. Después de un rato,*
> *entra Bobby.*

BOBBY   Las fogatas están prendidas . . . ¿Qué hago ahora?   30

CHINA   *(Sin mirarlo.)* Todo lo que hay de metal en la casa debe ser mandado a la fundición . . . Necesitamos herramientas de trabajo. Mañana no quiero ver un objeto de metal en esta casa . . .

BOBBY   Bien . . . *(Comienza a recoger objetos de metal.)*

CHINA   *(Después de un rato.)*   También el servicio dè plata . . . y los   35
candelabros de oro.

BOBBY   ¿El oro?

CHINA   ¿No es un metal el oro? *(Bobby saca los candelabros de una consola.)* Consigue también las joyas de tu madre . . .

BOBBY   ¿Las joyas?

CHINA   Sí, las joyas . . .

BOBBY   Si eso ya no tendrá valor en el futuro . . . ¿qué importa dejarle, al menos, ese gusto? 5

CHINA   ¿Crees que tu madre tendrá algún placer en conservar lo que en el futuro no serán más que piedras de color? ¿O tú piensas que no son eso, las joyas . . . piedras de color?

BOBBY   Ella no piensa así . . . 10

CHINA   Haz que comprenda, entonces.

BOBBY   *(Va hacia la escalera; se detiene.)*   Estoy feliz de poder trabajar por ustedes . . . Estoy aprendiendo.

CHINA   Nadie trabaja para nadie ahora, hijo . . . Trabajas para ti mismo, porque tú mismo somos todos . . . 15

BOBBY   Sí . . . *(Va a subir.)*

CHINA   El problema que tienes es que quieres a tu madre y no te gusta verla sufrir, ¿eh?

BOBBY   Creo que se puede evitar el sufrimiento . . .

CHINA   Es tarde para eso, ahora . . . 20

BOBBY   De lo que ustedes han hecho, yo deduzco que el amor está comenzando . . .

CHINA   Entonces piensa que cada partícula de esas joyas fue hecha con el dolor de un negro o de un malayo, que ahora cobran su premio a través de nosotros . . . Ese es el amor que comienza . . . Piensa en eso y te será fácil 25 endurecerte . . . *(Bobby asciende la escalera.)* Y dile a la cabeza hueca de tu hermana[143] que tiene veinticuatro horas para integrarse a nuestro movimiento. No hemos hecho esto para alimentar taimados[144] . . . Están enrolando mujeres para arar las colinas . . .

Bobby desaparece. Luego se oyen voces arriba. 30

VOZ DE PIETA   ¿Bobby, qué haces? ¿Qué estás haciendo, niño?

VOZ DE BOBBY   Déjame, mamá . . . ¡tengo que hacerlo!

PIETA   ¡Pero no mis joyas! . . . ¿Por qué mis joyas?

BOBBY   ¡Deja mamá . . . por favor!

---

[143] *Y dile a la cabeza hueca de tu hermana* And tell that empty-headed sister of yours.   [144] *taimados* sly, crafty ones.

PIETA   ¡Bobby! *(Viene bajando tras él la escalera.)* ¡Bobby, dame! ¿Qué estás haciendo? ¿Qué estás haciendo con nosotros? *(Bobby ha llegado frente a China con las joyas, que pone ante su cara.)* ¡Usted! ... *(Va sobre China y golpea su pecho con los puños.)* ¡Bandido! ... ¡Criminal! ... ¡Bandido! *(Golpea a China, que permanece inmóvil, mirando un*   5
punto ante sí.) ... ¡Criminal! ... *(Su voz se va debilitando.)* Bandido ... Bandido ... *(Cae finalmente a sus pies.)* Bandido ... Bandido ...

> *Meyer, que ha seguido a Pietá, asoma al pie de la escalera.*

CHINA *(Después de una pausa; afectado sinceramente por la escena.)*   Sí,   10
señora ... es cruel, y difícil. *(Pietá solloza.)* La riqueza se mete en uno con raíces muy profundas ... Llega a ser una segunda naturaleza, que deforma toda la realidad ... Pero guardo fuerzas;[145] aún queda un largo camino que recorrer ... Mañana entregará a su hijo sus tapados y pieles; hay gente que los necesita. Sólo se quedará con lo necesario. La próxima semana   15
usted tendrá que estar trabajando en algo.

PIETA *(Lo mira hacia arriba.)*   ¿Qué le hemos hecho a ustedes para que nos traten así? ... ustedes vivían sus vidas; nosotros las nuestras. Nunca les hemos deseado ningún mal ... *(China mira a Meyer.)*

MEYER   Bobby, lleva arriba a tu madre.   20

PIETA *(Resistiendo a que Bobby la lleve.)*   Diles, Lucas, diles que nosotros hacíamos labor social ... Diles que siempre hemos estado preocupados de los pobres ... *(A Bobby.)* Anda y haz venir a las empleadas, hijo; que ellas den testimonio por nosotros ... Ellas dirán que en esta casa han sido tratadas con la mayor consideración ... *(Bobby titubea.)* Anda, hijo, ¿qué   25
esperas?

BOBBY *(Con ansiedad y dolor.)*   Ya no hay más empleados en esta casa, mamá ...

PIETA   ¿Qué no hay más? ¿Cómo es eso? ¿Dónde están?

MEYER   Lleva arriba a tu madre, Bobby.   30

BOBBY   Se fueron, mamá.

PIETA   ¿Se fueron? ... ¿Dónde?

BOBBY *(Ahogado.)*   No volverán más, mamá ...

PIETA   ¿La Sara? ¿No volver más? ¡Imposible! Ha estado al servicio de esta casa desde que yo era niña.   35

BOBBY   Se fue con las otras a trabajar a las colinas.

---

[145] *guardo fuerzas* I am conserving my energy.

PIETA   ¡A la Sara han debido arrastrarla[146] a eso! ... ¡No se iría así no más!

BOBBY   *(Casi gritando ahora.)*   Las vi cómo se iban ayer por la tarde, mamá ... cantando por la calle, del brazo de otras mujeres ... ¡Por favor, sube a tu pieza! ¡No compliques más las cosas!   *5*

PIETA   *(Pausa, anonadada.)*   ¿Qué es esto, Lucas? Nunca me dijo una palabra ... Nunca una queja. ¿Cómo pudo disimular tanto su rencor? *(Se deja llevar ahora; ya desde la escalera, a China.)* Siempre habíamos creído que habría pobres y ricos, señor ... Siempre creíamos que ustedes se conformaban con eso. *(Medio se desprende del brazo de Bobby.)* Y   *10* después de todo, ¿no eran ustedes los culpables de su condición? ¿No eran ustedes los culpables? ¿No eran ustedes? *(Se deja llevar por Bobby escalera arriba.)*

MEYER   *(Una vez solo con China.)*   Bien, Mirelis ... *(Se planta frente a él.)* Esto se acabó. ¿Qué es lo que quieres? Dilo de una vez. ¡Mi cabeza! Por   *15* mi ventana he visto cómo se trabaja en el vecindario. De aquí al Puente Mayor, no queda una casa en pie. Solo tú y tu atado de harapientos haraganes aún en mi jardín ... amenazando a mi hija ... robando a mi mujer ... ¿Qué es lo que esperas?

CHINA   Espero ...   *20*

MEYER   ¿Esperas qué?

CHINA   Que llegue el momento ...

MEYER   ¿El momento para qué? ¿Para que pase qué? Puedo aguantar mucho, más de lo que tú crees ... Arrasarán toda la ciudad, pero yo podré seguir aquí, firme como un roble. He demostrado firmeza antes y podré   *25* volver a hacerlo. ¿O esperabas acaso que caería a tus pies, iluso? Suelto y fofo como un pañuelo? ¿Es eso lo que esperabas? *(China sigue impasible en su labor.)* Lo fraguaste todo para que este atado de piojosos te hicieran este motín para poder venir a meterte a mi casa y hacerme gatear lloriqueando a tus pies,[147] ¿eh? ... ¿Era ése el plan? ... *(Se acerca más*   *30* *a él.)* ¿Por qué no fuiste a mi fábrica en todos estos años? Pudiste venir y meterme un tiro[148] ... ¿Por qué no lo hiciste? Al principio, en verdad, te estuve esperando ... *(Casi cara a cara ahora.)* Porque meter una bala,[149] no produce ... placer, ¿eh? ¡Canalla! ¿Quieres que ellos te hagan el trabajo sucio ...? ¿eh? ... ¡Contéstame! ¿Es lo que tenías en   *35* mente? ... ¿Es eso lo que reinaba en tu sucia cabeza? *(Le toca la sien con su índice; China sigue impertérrita; se aleja bruscamente de él; se*

---

[146] *¡A la Sara han debido arrastrarla...!* They must have had to drag Sara...!   [147] *hacerme gatear lloriqueando a tus pies* to make me go on all fours whining at your feet.   [148] *meterme un tiro* shoot me.   [149] *meter una bala* shoot.

pasea.) . . . Firme como un roble, así es como voy a resistirte . . . Arrasarán la ciudad pero yo estaré aquí . . . esperando. No podrán contra mí; la vida me ha endurecido . . . *(Gira hacia China.)* Soy Lucas Meyer, ¿entiendes lo que eso quiere decir? Eso quiere decir que he debido tomar decisiones, tremendas decisiones que me han endurecido . . . llegué a tener 200 5 hombres a mi cargo, ¿entiendes lo que eso quiere decir? 200 hombres con sus familias y sus vidas. ¡Todo aquí, en esta mano! Los he tomado y cambiado de un lugar a otro. Los he subido y bajado a mi antojo.[150] Les he dado salario y ellos han comido. *(Se acerca a él de nuevo.)* Y les he dado . . . felicidad. La clase de felicidad que nunca has podido dar a nadie. 10 Una vez tomé a los 200 con sus críos y paquetes y los trasladé a la playa . . . Todos juntos en un atado . . . Debiste ver sus caras, cómo sonreían, mientras la prole retozaba al sol y las viejas se llenaban los pulmones de brisa marina . . . *(Cara a cara.)* Esa es mi creación: ¡hacer vidas! . . . La tuya ¿cuál ha sido, patán, eh? . . . ¿Rascarte los 15 piojos? . . . ¿Rumiar destrucciones?[151] . . . ¿Cuántos niños andan por ahí, porque Tú les diste ocasión a sus padres a tenerlos y alimentarlos? ¿Cuántas madres han alumbrado en paz,[152] porque Tú tranquilizaste su temor con un salario? ¿Cuántos veteranos descansan sus huesos porque Tú les diste derecho de aspirar a un descanso? . . . ¿eh? . . . ¿Cuántos? . . . 20 ¡Contéstame! . . . ¡Háblame, canalla! ¡Háblame! *(Pausa. Se va a sentar; ante sí.)* ¿Que me gustan los pesos? Claro que me gustan . . . ¿A quién no? . . . Tú, en mi caso habrías hecho lo mismo, Mirelis . . . Si toda la sociedad en que vives premia el fruto de tu codicia, ¿por qué iba a ser yo de otra manera? . . . Comenzar sin nada ha sido siempre mi proeza más 25 espectacular. *(Sonríe, casi desvalido.)* Hace seis meses festejamos los 25 años de mi fábrica y mis empleados vienen y me regalan una placa . . . ¿Sabes lo que decía en esa placa? . . . ◄1937. Capital: mil pesos y una esperanza. 1962. Capital: trescientos millones y una realización . . . Gracias, señor Meyer►. Al final se acercaron dos obreras con un ramo de 30 flores y una de ellas me dio un beso en la mejilla . . . ¿Quién iba a dudar de una sociedad en que todo el mundo vivía contento? . . . Eh, Mirelis, ¿quién iba a dudar, eh? . . . ¿Qué significa todo esto que ustedes están haciendo, eh? . . . ¿Una venganza? . . . ¿Una sucia venganza de los frustrados? . . . ¿Hay alguna razón para todo esto? . . . Contéstame . . . 35 ¡Contéstame, miserable! . . . ¡Háblame! ¡Háblame, reptil! . . . ¿Qué te pasa, hijo de puta, te tragaste la lengua? *(Pausa en voz baja, angustiado.)* ¿Qué quiere decir todo esto, Mirelis? Por favor, dime . . . ¿Qué hacen en mi casa?

---

[150] *Los he subido y bajado a mi antojo* I have raised and lowered them according to my whim. [151] *¿Rumiar destrucciones?* Thinking about destruction, destructive acts? [152] *¿Cuántas madres han alumbrado en paz . . . ?* How many mothers have given birth to their children in peace . . . ?

CHINA   Esperamos . . .

MEYER   ¿Esperan qué, por amor de Dios?

CHINA   Que llegue el momento.

MEYER   *(Se levanta espantado.)*   ¡Estás hablando en círculos! Hablas por
hablar. Ni siquiera escuchas.   *5*

CHINA   No, no, escucho, en verdad.

MEYER   ¿Qué pretendes,[153] entonces? . . . ¡Soy Lucas Meyer! Soy un
hombre que creó una industria. Merezco al menos que se me explique. *(Va
y le arrebata la herramienta que tiene en la mano y la dispara lejos.)*
¡Habla!   *10*

CHINA   Hable usted. A usted le toca, ahora . . . Yo escucharé.

MEYER   *(Retrocede.)*   ¿Están decididos, entonces, ¿eh? ¿Van derecho a su
meta?[154]

CHINA   Derecho como una línea. . . Ahora, las palabras son inútiles, porque
sabemos todas las respuestas y todas las justificaciones. Pero hable,   *15*
caballero . . . hace miles de años que oímos el sonido de esas palabras.
Nunca dejan de ejercer una extraña fascinación a nuestros oídos. Hable
usted, hasta que se canse. Yo estaré aquí oyendo.

MEYER   *(Después de retroceder, sin despegar la vista de China.)*   ¿Y si te
doy los nombres? ¿Todos los nombres, Mirelis? De los más apetecidos   *20*
por ustedes[155] . . . Los conozco a todos. ¡Todos han estado aquí, en esta
casa! ¿Te gustaría?

CHINA   ¿Qué ganaría usted con eso?

MEYER   Deja tranquila mi familia, Mirelis . . . *(Ansioso.)* El nombre de
todos los implicados . . . los arreglos torcidos[156] . . .   *25*

CHINA   ¿Haría usted eso? ¿Realmente?

MEYER   Pregunta, Mirelis . . .

CHINA   *(Rápido.)*   ¿Quién ideó el acaparamiento de harina el año pasado?

MEYER   Bonelli, el industrial molinero, en unión con Cordobés, el curtidor.
La guardaron en las bodegas de los hermanos Schwartz.   *30*

CHINA   Increíble la memoria suya . . . Debe odiarlos mucho para tener tan a
flor de piel[157] el recuerdo de sus crímenes. *(Súbitamente.)* ¿Quién fraguó
el aumento artificial del precio de los antibióticos, durante el invierno de
este año?

---

153 *¿Qué pretendes?* What do you seek?   154 *¿Van derecho a su meta?* Are you heading
straight for your goal?   155 *De los más apetecidos por ustedes.* Of the ones most desired by
you.   156 *los arreglos torcidos* the crooked deals.   157 *tan a flor de piel* so near the surface.

MEYER   Hoffman, el farmacéutico, en contubernio [158] con un grupo de médicos.

CHINA   Espere, necesito testigos para esta confesión. *(Se acerca a la ventana, grita.)* ... ¡Las preguntas! ... *(Murmullos de aprobación, afuera.)* ... Ya está listo para las preguntas ... *(Gritos de alegría.)* Uno   5
por uno ... No se aglomeren[159] ... ¡A ver tú, Desolación, comienza tú!

VOZ   *(Aguardentosa.)*   ¿Quién dictó las leyes de la educación que enseñan al consejo a correr menos que la metralla?

MEYER   *(Mira a China con estupor.)*   No entiendo ...

CHINA   Dice que no entiende ... Quiere preguntas concretas ...   10

VOZ DE MUJER   ¿Quién alzó el precio de la leche a tal punto que, el año pasado, mi hijo se me cayera seco de los pezones? [160]

MEYER   *(De inmediato.)*   Caldas, el hacendado, con el voto de los demócratas.

> *Gritos de algazara infantil.*[161] *¡Viva el señor*   15
> *Meyer! Y otros.*

CHINA   ¿Ven? Eso es lo que quiere ... Preguntas concretas ...

VOZ DE VIEJO   ¿Quién botó la basura frente a la casa del pobre?

MEYER   *(Piensa.)*   No recuerdo su nombre ...

CHINA   ¿No oyeron? ¿No se dan cuenta que se siente perdido ante esa   20
clase   de   preguntas? ... Es   un   hombre   sincero,   directamente ... ¡Pregunten sincero!

VOZ DE HOMBRE   ¿Quién nos acusa de ser flojos?

MEYER   Todos ... Todo el mundo, un poco ...

CHINA   No, eso no ... Cosas que pueda responder ... Pregunten ¿quién   25
roba los dientes del pobre, por ejemplo?

VOZ   *(Chillido sin dientes.)*   ¡Sí, mis dientes! ¿Quién robó mis dientes?

MEYER   *(Desesperándose.)*   Concreto ...

VOZ DE MUJER   ¿Quién nos acusa de ser feos?

VOZ DE VIEJO   ¿Quién nos acusa de ser borrachos?   30

MEYER   Esas   preguntas ... no   puedo   responderlas ... ¡Quiero   dar nombres!   ¡Sé los nombres!

VOZ DE NIÑO   ¿Quién nos acusa de ser ladrones?

---

[158] *en contubernio con* in vicious alliance with.   [159] *No se aqlomeren.* Don't crowd.
[160] *mi hijo se me cayera seco de los pezones* My son was hungry because I had no milk.
[161] *Gritos de algazara infantil.* Shouts of childish uproar.

MEYER *(Fuera de sí[162] por los gritos que se han ido poniendo cada vez más insistentes.)* ¡Todos! ... ¡Todo el mundo, un poco! ... ¿Qué no hay acaso ladrones entre ustedes?

CHINA Cuidado, señor Meyer, podrían no entender eso ...

MEYER ¿Pero es que yo no entiendo esas preguntas ... Después de todo, 5
ustedes vivían al otro lado del río ... ¿por qué me iba a tener que fastidiar con estas cosas?

> *Bruscamente se interrumpe. Afuera, todo ruido.*
> *Cae un profundo silencio y de pronto, lentamente y*
> *muy suavemente, unos niños comienzan a recitar.* 10
> *Como contando un cuento sin asunto. A medida que*
> *cunden las palabras, las voces se van magnificando*
> *hasta que todo el ambito resuena de ellas.*

NIÑO 1.° Porque no hay nada como el miedo para matar las pulgas.

NIÑO 2.° Porque un patito feo se come a un patito bonito. 15

NIÑO 3.° Porque es mejor no saber leer para comer almendras.

NIÑO 4.° Porque no hay nada como esperar, para que a uno se lo lleve el viento.

MEYER ¿Quién ... ¿quiénes son esos niños?

NIÑITA Juanito, ¿te cuento el cuento de todos los árboles? 20

NIÑITO Cuenta ...

NIÑITA Todos los árboles tenían tanto miedo de las hormigas, que cuando las vieron venir, se quedaron parados ... tiesecitos, esperando que les caminaran encima ...

MEYER ¿Quiénes son esos niños, Mirelis? 25

CHINA Dos niños que nacieron de los hongos de una ruca[163] ... Hasta los cinco años jugaban con cucarachas y garrapatas. Después descubrieron que con las tripas frescas de perro, se pueden hacer globos de inflar[164] ... Hoy tienen una extraña fantasía.

NIÑITO ¿Ves aquellos pájaros negros en la torre del campanario, 30
Juanita? ...

NIÑITA Sí ...

NIÑITO ¿Vamos a matarlos a campanazos?[165]

NIÑITA Vamos ...

---

[162] *Fuera de sí* Beside himself. [163] *los hongos de una ruca* the fungus of a hovel. [164] *globos de inflar* balloons to blow up. [165] *a campanazos* bell lashes, blows of a bell.

OTROS NIÑOS   Vamos . . . vamos . . .

Junto a estas voces comienzan a resonar campanas, cada vez más fuertes. Al final, ensordecedoras. Súbitamente callan las campanas. Pietá baja la escalera y pasa frente a Meyer, saliendo.   5

PIETA   Es inútil, Lucas . . . Y nada se puede hacer. Habrá entre ellos un lugar para nosotros . . .

Pietá se mueve hacia la puerta como impulsada por una fuerza que la arrastra a pesar de ella. Sale.

MARCELA *(Baja y pasa también frente a Meyer.)*   Ven con nosotras,   10 papá . . . Nadie te lo impide . . . *(Sale.)*

BOBBY *(Baja la escalera.)*   ¿Por qué no vas, papá? Es verdad. Nadie te lo impide . . .

MEYER   ¡Todo, hijo! . . . ¡Todo me lo impide! *(Se alza.)* No hay tal pueblo hambriento y con sed de justicia. Es sólo un pretexto de esa China, que los   15 incita contra mí . . .

BOBBY   No, papá. Ve lo que está pasando . . . Por favor, mira lo que sucede a tu alrededor.[166] *(Lo toma de los brazos.)* Es tu última ocasión . . . Después de eso, tendrás que desaparecer en la soledad . . . Para los que no entiendan, sólo queda en el futuro . . . soledad . . . No la muerte   20 que tú temes . . . Soledad y amargura . . .

MEYER   ¿Bobby, tú verdaderamente crees en eso?

BOBBY   Sí, papá . . . creo.

MEYER *(Toma su cara.)*   Entonces hijo, mete esto en tu cabeza . . . La codicia es el motor que mueve el mundo . . . Nunca ¿entiendes? Nunca   25 desaparecerá entre los hombres . . . *(Se aleja de él.)* Ahora veo lo que está pasando: estamos en manos de niños locos . . . Harán cenizas de la tierra[167] . . . *(Bobby se mueve hacia la puerta.)* ¿Y ahora tú también te vas? . . .

BOBBY   Sí, papá. Soy joven. Quiero olvidar y aprender.   30

Sale. Meyer gira por la pieza.

MEYER   Oh, Mirelis, ¿dónde estás? . . . ¿Dónde estás, Mirelis? . . . ¿Qué cosa horrible están haciendo ustedes de la vida? *(Aparece China permaneciendo en la sombra.)* ¿Tú también te haces la ilusión de estar creando algo? Esa sucia recua de hombres feos, esa manada de mujeres   35

---

[166] *mira lo que sucede a tu alrededor* look at what is happening around you.   [167] *Harán cenizas de la tierra.* They will turn the earth into ashes.

tristes que andan por ahí, arrastrando sus críos . . . ¿crees que tolerarán mucho tiempo la vida fea que ustedes les están haciendo? Sal a ver el cortejo maloliente, Mirelis . . . La hermosa ciudad convertida en cantera . . . Los grandes museos en Cocinas de Pueblo, las catedrales en barracas . . . ¿Dudas que un día se alzarán contra los responsables de tanta fealdad y entonces la tierra se volverá polvo? 5

> *Está ahí casi con los brazos abiertos, ante China,*
> *que permanece siempre en la oscuridad. Comienza*
> *una música furtiva y danzarina como de pasos*
> *precipitados en el momento que surgen dos monjas,* 10
> *que caminan una junto a la otra, y van a situarse ante*
> *Meyer, con las manos extendidas en actitud*
> *suplicante.*

MEYER   ¿Qué es lo que quieren? ¿Quiénes son ustedes?

MONJA 1   Soy Carmen, la pequeña obrera fea. 15

MONJA 2   Soy María, la pequeña obrera fea.

MEYER   Sí. Siempre con las greñas en la cara sucia. Las desahucié a las dos.[168]

AMBAS *(En coro, alejándose.)*   No había lugar para mujeres feas en la fábrica. No había lugar. *(Salen.)* 20

> *En los muros aparecen proyecciones, que repre-*
> *sentan ojos que miran . . . rostros de ancianos . . .*
> *manos cruzadas . . . manos suplicantes . . . pies en*
> *zapatos rotos . . . platos de magra comida . . . etc. De*
> *otra parte surge el Cojo, de obrero viejo. Cruza* 25
> *cojeando el escenario.*

MEYER *(Lo sigue, señalándolo con el dedo.)*   Y tú, Miguel Santana, el viejo tornero . . . ¿Qué haces aquí, Santana? ¿No moriste un día sobre tu torno?[169]

EL COJO *(Sigue renqueando; refunfuña. Ante sí; pasa sin mirarlo.)*   Sí . . . 30 Nadie torneaba válvulas como yo.[170] Quería descansar, pero nadie torneaba las malditas válvulas como yo. Esa fue mi perdición. Entonces, un día mordí el acero . . . Malditas válvulas . . .

> *Sale. Aparece Toletole, de viuda.*

TOLETOLE *(Gira por la habitación, mirando los muros.)*   Aquí, en este 35

---

[168] *Las desahucié a las dos.* I dismissed or fired the two of you.   [169] *¿No moriste un día sobre tu torno?* Didn't you die one day at your lathe?   [170] *Nadie torneaba válvulas como yo.* No one made valves (on the lathe) as I did.

mismo lugar, estaba mi casa . . . La casa que me dejó mi marido . . . *(Los toca.)* Los muebles . . . las balaustradas . . . Un día tuve que vender . . . Tuve urgencia de vender y encontré a un hombre que me la compró por una bagatela[171] . . .

MEYER   Sí, una bagatela . . . En verdad, era una ganga . . .   5

TOLETOLE   *(Mira fijo a Meyer al salir.)*   Mi marido quería mucho esta casa . . .

Sale. Proyecciones.

MEYER   ¡Oh! Mirelis, detén el cortejo. ¿No me has hecho ya bastante? ¿Quieres que confiese? Sí, maté a tu hermano. Pero no toda la culpa es   10 mía. Tu hermano llegó a mí con los ojos bien abiertos. Lo vencí de igual a igual,[172] lo mismo pudo él liquidarme a mí.

Súbitamente se interrumpen la música y las proyecciones. Se detiene toda acción. Luego surge Alí Babá, de joven obrero. Cruza el escenario, con fuertes   15 zancadas, y se va a plantar frente a Meyer.

ALI BABA   *(Serio.)*   Soy el obrero joven que un día voló de[173] su fábrica cuando desapareció una lima del taller mecánico . . . Yo no robé esa lima, pero usted me expulsó igual. Usted sabía que yo no la había robado, pero había que encontrar un culpable.   20

MEYER   Un culpable, sí.

ALI BABA   Eso fue el 26 de julio de 1948 y yo crucé su cara con una bofetada.[174] Nunca nadie había alzado una mano contra usted en su fábrica. Mi ficha era la 12374 y mi nombre es . . . *Esteban Mirelis.*

Sale.   25

MEYER   Sí . . . Te llamabas Esteban Mirelis, recuerdo. *(Gira hacia China.)* ¡Perro! Quieres confundirme nuevamente, ¿eh? Volverme loco . . . Esteban Mirelis se llamaba el hombre que murió hace treinta años colgado de una viga . . . Lo sé porque yo mismo le prendí fuego . . . Se colgó con una liga estampada de flores de lis blancas, hasta que dejaron de humear los   30 restos[175] . . .

China sale de la sombra.

CHINA   Curioso el daño que usted se hace a sí mismo. ¿Quemar fábricas? ¿Robar dinero? ¿Colgar a un hombre? ¡Qué imaginación la suya! Usted

---

[171] *por una bagatela* for a trifle.   [172] *de igual a igual* man to man.   [173] *voló de* flew out of, was fired.   [174] *yo crucé su cara con una bofetada* I slapped your face.   [175] *hasta que dejaron de humear los restos* until the remains ceased to smoke.

nunca llegaría a esos extremos, señor Meyer. Son menores los crímenes. Sólo las consecuencias son mayores.

MEYER   Y si ese muchacho no es Esteban Mirelis, ¿quién eres tú, entonces?

CHINA   Me llaman «China», ya le dije. Soy un hombre que merodea. Me he *5* sentado en cada piedra del camino. Cada puente solitario me ha servido de techo. He mirado el rostro de millones de vagabundos, y he visto el dolor, cara a cara. *(Va hacia la ventana.)* Hay mucha tristeza en el mundo, señor Meyer... pero hoy día, la estamos venciendo... *(Indica afuera)* Ese muchacho, Esteban Mirelis, trabaja ahora como tractorista en el ladrillar; le *10* queda tiempo para pensar en la ofensa. La viuda teje en las grandes Tejedurías de lana; ha encontrado un nuevo oficio, y Toletole canta ahí, en lo alto de las colinas, siguiendo su arado. Todo el mundo trabaja afuera; es una lástima, en verdad, señor Meyer, que usted no entienda... *(Gira hacia él; con calma.)* El pueblo no se ha alzado contra usted; esa obsesión *15* le viene de creer[176] que su vida tiene alguna importancia... ¿Es tan difícil pensar que eso, ahí afuera, es sólo una cruzada de buena fe? ¿Un juego ingenuo de la justicia? ¡Venga! Lo invito a mirar la realidad. Es un espectáculo que recrea el espíritu. *(Meyer está clavado al suelo.)* Venga, únase a nosotros. Venga. Sígame. *20*

MEYER   ¡No te creo, perro! Me has quitado mi casa, mi familia... Me has humillado ante todos. ¡No creo en esa mansedumbre tuya! ¡Sólo estás aquí por un deseo de venganza!

CHINA   Es una lástima... En verdad, es una lástima.

MEYER   ¡Dime que yo maté a Mirelis y que ésa es la razón de que estés *25* aquí!

CHINA   Tremenda imaginación la suya, señor Meyer...

MEYER   *¡Dime!* ... *¡Yo maté a Mirelis!* ... *¡Dime!*

CHINA   *(Desde la puerta.)*   Son menores los crímenes...

MEYER   *¡Dime, perro!* ... *¡Yo maté a Mirelis!* ... *¡Yo lo maté!* ... *30*

Sale China.
Súbitamente se apagan todas las luces y se
enciende suave, lentamente, un canto general.

CORO   Adán y Eva tuvieron a Caín y Abel...
Caín engendró a Irad y de Irad se multiplicaron hasta *35*
Matusael...
Matusael engendró a Henoc y de Henoc adelante, la raza humana
comenzó a rebalsar...

---

[176] *esa obsesión le viene de creer* that obsession comes from believing.

Y cuando Noé engendró a Sem, Cam y Jafet, la raza humana ya
era masa . . .
Porque los hijos de Jafet fueron Gomer, Magog y Madai . . .
Y Javen y Tubal . . .
Y Mosoc y Tiras y Asanes . . .   5
Y Rifat y Elisa y Tarsis . . .
Y Gus y Fut y Mesraím . . .
Y cada uno de ellos tuvieron miles de hijos, y la tierra se pobló de
rostros . . .
Tuvieron millones de hijos cada uno, y la tierra se pobló de   10
miserias . . .

Silencio total, y, de pronto, muy desvalido.

NIÑITA   Juanito, ¿te cuento el cuento de todos los árboles?

NIÑITO   Cuenta . . .

NIÑITA   Todos los árboles tenían tanto miedo de las hormigas . . .   15

Surge la voz de Meyer, desde arriba.

MEYER   *(Arriba.)*   ¡Basta . . . Basta! . . . ¡Yo lo maté! . . . ¡Yo lo maté!

PIETA   *(Arriba.)*   Lucas, ¿qué te pasa?

MEYER   ¿Qué . . . qué pasa? . . . ¡Yo lo maté, mujer!   ¡Rompen toda la
casa! . . . Están en todas partes . . .   20

PIETA   ¿Quiénes,   Lucas? . . . Despierta,   hombre . . . Descansa . . . Has
tenido una pesadilla . . .

MEYER   *(Se oye movimiento arriba.)*   ¿Una pesadilla?   ¡Oh! . . . Los niños,
¿dónde están? . . .

PIETA   En sus piezas, durmiendo, hombre . . . ¿Dónde vas?   25

MEYER   *(Se abre una puerta.)*   Bobby, ¿estás ahí, niño?

BOBBY   ¿Qué pasa, papá?

MEYER   Oh, Dios! . . . *(Se abre otra puerta.)* ¿Marcela?

MARCELA   ¿Papá?

MEYER   ¡Oh!   30

PIETA   ¿Qué cosa terrible soñaste, hombre?   Ven, vuelve a tu cama . . .
¿Dónde vas, Lucas? . . .

*Meyer baja la escalera. Enciende la luz y mira con
cautela por todos lados. Va hacia la ventana y la abre.
Mira afuera. Pietá lo sigue. También vienen Marcela y   35
Bobby, poniéndose una bata.*

MEYER   Oh, hijos . . . vengan . . . *(Los abraza.)* Llenaban toda la casa, hijos.

Estaban en todas partes, rompiendo todo, llevándose todo... ¡Oh, Dios mío! Te ibas a las colinas, mujer. Tú también, hija.

MARCELA *(Ríe.)*   ¿A las colinas, papá? ¿A hacer qué? ¡Qué ridículo!

MEYER   A arar... A arar, hija... Y tú, mujer, me dejabas...

PIETA   ¿Yo, dejarte? ... *(Ríe. Todos ríen.)* ¡Qué tonterías, Lucas!   5

MEYER   *(Riendo.)*   Sí, Pietá, me dejabas.

PIETA   ¿Quién era esa gente que se llevaba todo, Lucas?

MEYER   Nadie... Nada, mujer. Sueños, nada más. Ya pasó todo.

PIETA   Sí, ya pasó todo. Ven a acostarte.

MEYER   Sí... *(La sigue hacia la escalera.)* Sin embargo... todo seguía una   10
lógica tan precisa, un plan tan bien trazado... Como si un caso que sucediera...

PIETA   ¿Sucediera qué? ...

MEYER   Creo que una vez tuvimos a un obrero de apellido Mirelis en la fábrica... Sí, se llamaba Mirelis... Esteban Mirelis, ahora lo   15
recuerdo... Voló porque se robó una lima... Tal vez procedimos con ligereza en ese asunto.

MARCELA   ¿Y quién era Esteban Mirelis en tu pesadilla, papá?

MEYER   ¡Oh, no importa, hija! Un pirata griego... Un salvaje que merodea los mares, con su pata de palo y sus mástiles cargados de[177]   20
buitres... *(La abraza.)* Lo importante es que nada ha pasado y estamos todos juntos otra vez. *(Toma del brazo a Bobby.)* Imagínate, hijo, que en el sueño de tu padre, Gran Jefe Blanco, el portero albino de tu Universidad, quemaba tu chamarra de cuero en una gran pira de fuego en medio del patio y todo el mundo miraba, sin hacer nada... Cosas que   25
sueña tu padre... *(Lo chasconea.)* Vamos...

BOBBY   *(Se detiene.)*   Papá...

MEYER   ¿Sí, hijo? ...

BOBBY   Eso sucedió ayer... Eso fue cierto...

MEYER   ¿Qué, hijo? ...   30

BOBBY   Gran Jefe Blanco... Ayer... Cuando salíamos de clases... Estaba en el patio de la Universidad, calentándose las manos artríticas sobre una pira hecha de la ropa de mis compañeros... Estaba parado, en medio del patio, mirando arriba, a los pasillos, sin que nadie se atreviera a moverse, papá. Su mirada era tan desafiante que nadie se movió...   35

---

[177] *cargados de* loaded with, full of.

Rector, profesores, nadie. ¿Fue eso lo que soñaste? ... ¿Fue eso lo que soñaste, papá? Eso fue cierto. ¿Fue eso? ¿Fue eso, papá?

> *Los cuatro están ahí, en medio de la habitación,*
> *mirándose, cuando, al fondo, en la ventana que da al*
> *jardín, cae un vidrio con gran estruendo y una mano*   5
> *penetra, abriendo el picaporte.*

TELON

CUESTIONARIO

1. Analice la relación entre a) China y Meyer; b) China y Toletole.
2. ¿Por qué no puede matar Meyer a China?
3. ¿Qué siente Vd. de la relación entre a) Meyer y su esposa; b) Meyer y sus hijos?
4. ¿Cuál es la verdadera actitud de Meyer hacia los invasores?
5. De los «tipos» invasores, a) ¿cuál le intriga más, China, Alí Babá, Toletole, El Cojo? b) haga un análisis del carácter de cada uno.
6. Describa el cambio que se efectúa en el carácter de Bobby.
7. ¿Cuáles son los propósitos del autor en *Los invasores*?
8. Describa el ambiente social que ha producido *Los invasores*.
9. ¿Cree Vd. que sería diferente lo que pasa en la realidad después de haberlo soñado Meyer?
10. Analice el aparente realismo de *Los invasores* e indique cómo sirve para subrayar el elemento irreal.

TEMA GENERAL

Escriba una fantasía del terror de los poderosos cuando los pobres invaden y conquistan el barrio adinerado.

The Theater in Mexico

The appearance of the experimental theater groups of *Ulises* in 1928, and *Orientación* in 1932, marks an important stage in the development of the theater in Mexico. This development was linked to the literary movement in Mexico at a time when Salvador Novo and Xavier Villaurrutia headed a group which began to publish in 1927 a small vanguard magazine, *Ulises*, which attracted an enthusiastic group of young intellectuals interested in new tendencies in art and literature. The *Ulises* group first opened a small experimental theater on 42 Mesones Street in Mexico City.

Writers such as Novo, Villaurrutia, Celestino and José Gorostiza, Enrique Jiménez Domínguez, Rafael Nieto, Carlos Luquín, and others, took part not only as translators, but as actors and directors. The artists, Roberto Montenegro, Manuel Rodríguez Lozano, and Julio Castellanos were the scenographers. And Antonieta Rivas Mercado, just back from Europe, also brought new ideas and the financial backing for the experiment.

The poets came to the theater with the Ulysses group. They were dissident spirits, avid for a new repertory, a new scenic style, and so they translated plays by Roger-Marx, Vildrac, O'Neill, Lenormand, Cocteau, and others. They were eager to find new directions in writing and play production which were not tied to the traditional commercial theater nor to its models. They avoided local or cosmopolitan themes in the style of Benavente and turned to the possibilities of universal themes which were appropriate to contemporary problems and people. To the national themes of the *Grupo de Siete*, they also counterproposed a conceptual sense of theater.

Julio Bracho introduced his *Escolares del Teatro* in 1931 with a repertoire of Strindberg and Synge, but it was the *Teatro de Orientación*, appearing in 1932, which was to exercise decisive influence in the movement of renovation. Celestino Gorostiza was its moving spirit. He was active in the Department of Education, and in his spare time worked as drama critic and collaborator, with Novo and the others, in the *Teatro de Ulises* in 1927 and 1928.

135

As director of the Department of Fine Arts, Gorostiza was able to sponsor actors in plays which would educate the Mexicans in world drama. Plays by modern European dramatists were translated by Gorostiza, Novo, Villaurrutia and Lazo, and performed during the first two seasons. In the third season, in 1933, in addition to plays by foreign authors, Villaurrutia staged his *Parece mentira* and Gorostiza his *Escuela del amor*. In the fourth season, in 1934, four national writers were represented: Carlos Díaz Dufoo, Jr. with *El Barco*, Villaurrutia with *¿En qué piensas?* , Alfonso Reyes with *Ifigenia cruel*, and Gorostiza with *Ser o no ser*.

In his plays, Gorostiza demonstrates his preoccupation with the subconscious, conflicts of conscience, certain oneiric elements and the relativity of time. Villaurrutia, essentially a poet with an obsession about death, dramatizes problems of reality and existence. His *Autos profanos*, written as a challenge to the dramatic attitudes found in the *Comedia Mexicana*, are humorous, and often contain as a *leitmotif* questions about existence. His best play, *Invitación a la muerte* (1940), is a contemporary version of a modern Hamlet.

The last two seasons of *Teatro de Orientación* took place in 1938 in the Palace of Fine Arts, and in 1939 in the Hidalgo Theater, where Rodolfo Usigli appeared as translator and director of the play *Biografía* by Samuel Nathaniel Behrman.

Rodolfo Usigli is one of the great Latin-American dramatists, translators and teachers. With an independent spirit akin to that of George Bernard Shaw, he writes critically and with psychological insight about Mexican characters and customs. He studies the problems of the middle class in *Medio tono;* he criticizes the vanity of the new-rich in *La familia cena en casa*. In *El gesticulador,* written in 1937, he attacks the perversion of the ideals of the revolution, dissipated through hypocrisy and idolatry of false heroes. Like Shaw, he writes long prologues and epilogues to his works. His interest in psychiatry and psychopathology is evident in such plays as *El niño y la niebla, Mientras amemos, Otra primavera,* and *La función de despedida*. In *Corona de sombra,* written in 1943, and presented in 1947, he recreates the drama of Carlota and Maximilian more as a psychological interpretation than as political history.

Rodolfo Usigli is probably the Mexican dramatist most likely to be remembered because of his contributions to the theater in so many ways. He has helped train actors for the Mexican stage, and in his classes in playwriting he gave formal training to the next generation, which includes Emilio Carballido, Héctor Mendoza, Sergio Magaña, Luisa Josefina Hernández, among others.

A new wave of experimental groups was inaugurated in 1942 when José de J. Aceves started his *Proa Grupo*, whose existence until 1947 gave many writers and actors their initial training. Other important groups included *La Linterna Mágica* (1946) directed by José Ignacio Retes, *Teatro de Arte Moderno* created by Jebert Darién and Lola Bravo in 1947, *Teatro Estudiantil Autónomo* (1947) organized by Xavier Rojas, who specialized in presenting farces and *sainetes* in the public plazas, both in the capital and its suburbs, and in the smaller towns of the Republic; and the *Teatro de la Reforma* (1948) directed by Seki Sano.

The *Instituto de Bellas Artes* organized its Department of Theater in 1947, under the direction of Salvador Novo, himself a dramatist and director. Among the varied activities of this department were the presentation of Mexican and foreign plays, the organization of the children's theater, including the puppet theater, and the professional training of actors. Regional drama competitions were organized in all parts of the country, and the INBA provided that each winning dramatic group would participate in the National Theater Festival.

The University Theater and other student groups set up courses for the study of drama, and also took dramatic groups into all parts of the country to present plays and to arouse the interest of a larger theater public. The result of all this activity has been the appearance of dramatists, producers and actors of high caliber, who have resolved the question of national theater as opposed to universal theater, which has been the source of controversy for many years. The best Mexican dramatists and directors have learned to deal effectively with modern realities by the use of the new techniques. They have expanded the action and setting so the stage can accommodate the reality of society, with its individual and collective, multifaceted situations and issues.

Since the time of the Ulysses and Orientation theater groups, the theater in Mexico has followed two essentially divergent routes: the commercial and the experimental. The commercial theater, formerly devoted mainly to Spanish comedies, now specializes in French farces, American plays and musical comedies, and the works of Mexican writers. The experimental groups at first concentrated on the works of O'Neill, Giradoux and Pirandello, but today one is more likely to find them presenting plays by Ionesco, Beckett, Brecht, Pinter and Camus, without overlooking the *avant-garde* classics of Strindberg or Jarry. These groups have also given new life to Mexican plays and to the Spanish classics by presenting them with imaginative settings, modern music and bizarre costumes.

At present, some twenty commercial theaters operate in Mexico City, in addition to the semiofficial companies sponsored mainly by the National Institute of Fine Arts and the University of Mexico, plus a variety of experimental groups that often blossom in unexpected places, sometimes to fade rapidly, but usually leaving behind them an imprint of striking innovation. One of the most influential of these groups was perhaps that of *Poesía en Voz Alta*, created under the auspices of the University approximately ten years ago by the poet Octavio Paz, the artist, Juan Soriano; and the director, Héctor Mendoza. In outdoor theaters and commercial houses, the group staged works by Lorca, Ionesco, Genet, and Eliot, and acquainted contemporary audiences with the classical works of Calderón, the Archpriest of Hita, Quevedo and Sophocles. The *Poesía en Voz Alta* players also presented works by Paz himself, and by the new Mexican writers, Elena Garro and Jorge Ibargüengoitia.

Some of the young actors and technicians of the group were soon to emerge as Mexico's outstanding stage directors: Héctor Mendoza, Juan José Gurrola, José Luis Ibáñez. Joining them in making the theater a box of surprises, the continuing source of a new reality, was Alexandro Jodorowsky of Chile, now established in Mexico.

Perhaps the most notable characteristics that unite these young directors and define their theater is a belief in absolutely free interpretation of the texts, and a conception of the stage as a magical place, where reality need not obey the rules of logic, a place where a world open to any possibility can be created, and where the only requirement is to achieve an imaginative aesthetic effect that sheds light on the texts of the theatrical works. Helping these directors in their voluntarily imposed tasks are not only excellent dramatists, a large number of versatile actors skilled in improvisation, but also an important group of painters who have lent their creative imagination to the design of scenery and costumes.

As a result, the experimental theater in Mexico is actually the sum of various independent efforts, each bearing the unique stamp of the artist's personality, yet all contributing to the over-all concept of the work, which is solely the responsibility of the director. In this sense, the theater has become a director's theater. Together, these directors have succeeded in bringing to the theater in Mexico a concept in which the boundary between the real and the imaginary is erased, transporting the audience to a universe of masks and disguises, colors and forms, shouts and songs. From this creative distortion emerges a new image of man's contemporary condition.

Emilio Carballido

Playwright, novelist and short-story writer, Emilio Carballido started out to be a lawyer, then a teacher, and finally a writer. The decision was rewarding for the world of literature, for Carballido is one of the major contemporary figures not only in Mexico, but in all of Latin America.

His first theatrical success, *Rosalba y los Llaveros* was written when he was twenty-five, and premiered on March 11, 1950, in the Palace of Fine Arts, Mexico City. Carballido has written four novels, a volume of short stories, and some fifty plays, including one-acts. Scarcely a year has passed since he published his earliest work in 1948 that he has not received a major critical award. His play, *Yo también hablo de la rosa*, won both the *Juan Ruíz de Alarcón* and *El Heraldo de México* awards for the best theatrical production staged in Mexico in 1966. This is a play, presented with all the modern techniques, in which the dramatist develops the relationship between the reality of daily life and the philosophical question of "What is Reality?"

This prolific author won the *El Heraldo de México* prize the second time in 1967 for his farce, *Te juro Juana que tengo ganas*. His *Medusa*, the retelling of the Greek myths, had its premiere at Cornell University in April of 1966. The University of Texas published the English translation of his second novel, *The Norther*, in December of 1968.

Emilio Carballido says he prefers writing plays to novels. "I have a natural fondness for drama — besides, it is easier for me. Ideas for characters and plots come from everywhere. I don't know where they come from; they jump at me. When I have to write, I write; if not, I relax and enjoy myself. When I am creating something, I have to write; it pushes me uphill."

He was born in Córdoba, but now lives in Mexico City. His first play, *Rosalba y los Llaveros*, set in Veracruz, records satirically, yet with great sensitivity to human values, the attempts of the cosmopolitan heroine to solve the problems of her provincial family. This was the beginning of Carballido's success at capturing in

139

dramatic form the conflicts of life in the provinces of Mexico: *La danza que sueña la tortuga* (1954) presents the middle-class lady who learns to live with her problems, and *El relojero de Córdoba* (1960) combines fantasy with a realistic satire on the world's false liberty and justice.

In *El día que se soltaron los leones*, produced in 1963, reality is transformed to produce an ample commentary on the liberty of the individual, often destroyed by the society of today. With *Un pequeño día de ira* and *¡Silencio, pollos pelones, les van a echar su maíz!* Carballido brings out his preoccupation with social problems. *Felicidad* has a down-to-earth treatment of a middle-class Mexican family and its unhappy women who have no outside interests.

In his collection of one-act plays, published in 1957, entitled *D. F. (Federal District)*, Carballido brings together a number of short plays which take place in Mexico City. There is a great variety, from the poetical monologue, "Parásitas," and the delicate portrait of an adolescent in "Selaginela," to one which presents a disagreement between two December Santa Clauses in his "Cuento de Navidad." *D. F.* runs the gamut from the realistic to the imaginative, and is permeated by a fatalistic indifference to life.

Carballido has also written plays for children, screenplays, verse, opera, an extravaganza entitled *Homenaje a Hidalgo*, and a *collage* or epic type of drama, *Almanaque de Juárez*, which premiered in Mexico City in 1969. He also published in 1969 his *Acapulco, los lunes*, a long farce in one act, and *La adoración de los magos*, which he calls a *pastorela cinematográfica*. The plays *Conversación entre las ruinas* and *Un vals sin fin por el planeta* premiered in 1970, as well as an original comedy for the movies entitled *Los novios*.

The many good theaters, plus the movie and television industry, offer Mexican writers a rich market for their work, according to Carballido, and give ample opportunity to new writers, directors, and actors. His own plays have been produced in small 140-seat theaters, and in larger ones. One of his plays sold out a 15,000-seat auditorium three nights running.

With his preoccupation for the essence of things, and his understanding, control and use of modern theatrical techniques, Carballido continues to utilize his talents in the theater. As its outstanding professional dramatist, he conceives the stage as a world subject to its own laws. He confronts its problems with amplitude and great allusive wealth; he continues his search for new forms and new themes in the theater. His works to this point confirm him as the most complete of the younger dramatists, who are opening new modes of expression for the Mexican theater. In his plays, one reaps the benefits of realism in conjunction with the rewards of imaginative structure and style.

He is participating in the 1969-1970 *Programa de Divulgación del Teatro Mexicano*, set up by the *Instituto Nacional de Bellas Artes* and the *Unión Nacional de Autores*, to advertise the national theater in Mexico, to stimulate national writers to stage their works and to acquaint the public with the leading figures of stage, screen and television. Carballido will also be among those Latin-American dramatists whose works will be produced by *Telesistema Mexicano* for the first cycle of Latin-American theater in which the plays will be televised in five countries: Mexico, Venezuela, Peru, Puerto Rico and Spain. This cycle will serve to give impetus to the Latin-American theater, and each country will film the plays of its own writers. The videotaped plays will be exchanged between the participating countries and also sent to other countries abroad.

PERSONAJES

La Intermediaria

Toña

Polo

Maximino González

1er. Profesor

2o. Profesor

Locutor

(Vendedor

Vendedora

Voceador

Pepenador I

Pepenadora

Pepenador II

Pepenadora II

El Estudiante

La Estudiante

Dueño del taller

(español)

Señor

Señora

Muchacho pobre

Muchacha pobre

Señor pobre

Señora pobre

Maestra

Madre de Toña

Madre de Polo

Hermana de Toña)

y

Los dos que soñaron

Un muchacho, una muchacha, dos mujeres y dos
hombres son suficientes para actuar los personajes
encerrados entre paréntesis.

EN MÉXICO, D. F.

142

Yo también hablo de la rosa

EMILIO CARBALLIDO

Pero mi rosa no es la rosa fría...

XAVIER VILLAURRUTIA

Amago de la humana arquitectura...

SOR JUANA INÉS DE LA CRUZ

Música de clavecín.[1] Silencio. Oscuridad. Luz cenital a[2] la Intermediaria: se encuentra sentada en una silla con asiento de paja.[3] Viste como mujer del pueblo: blusa blanca y falda oscura, como el rebozo con que se cubre.

LA INTERMEDIARIA.   Toda la tarde oí latir mi corazón. Hoy terminé temprano con mis tareas y me quedé así, quieta en mi silla, viendo   5
borrosamente en torno[4] y escuchando los golpecitos discretos y continuos
que me daba en el pecho, con sus nudillos, mi corazón:[5] como el amante
cauteloso al querer entrar, como el pollito que picotea las paredes del
huevo, para salir a ver la luz. Me puse a imaginar mi corazón *(Se toca el
pecho),* una compleja flor marina, levemente sombría,[6] replegado en su   10
cueva,[7] muy capaz, muy metódico, entregado al trabajo de regular
extensiones inmensas de canales crepusculares,[8] anchos como ruta para
góndolas reales, angostos como vía para llevar verduras y mercancías a
lentos golpes de remo;[9] todos pulsando disciplinados, las compuertas
alertas para seguir el ritmo que les marca la enmarañada radiación de la   15
potente flor central.[10] Pensé de pronto: si todos los corazones del mundo

---

[1] *Música de clavecín* Harpsicord music.   [2] *Luz cenital a* A spotlight comes on.   [3] *de paja* wicker.   [4] *viendo borrosamente en torno* looking about with bleary eyes.   [5] *escuchando... mi corazón* listening to my heart as it beat gently and continuously with its knuckles against my breast.   [6] *una compleja flor marina, levemente sombría* a sea anemone, complicated, delicately colored.   [7] *replegado en su cueva* tucked away in its cave.   [8] *entregado al trabajo... canales crepusculares* devoted to the task of regulating endless distances of crepuscular canals.   [9] *anchos como... golpes de remo* some wide enough for royal gondolas, others barely wide enough for rowing vegetables and food to market with the slow stroke of the oars.   [10] *las compuertas alertas... flor central* locks opening and closing in rhythm to the complicated pulsation of the powerful flower of the heart.

sonaran en voz alta . . . Pero de eso no hay que hablar todavía. Pensé en el
aire también, que por cierto olía a humo y a comida ya fría; yo estaba
como un pez, en mi silla, rodeada por el aire; podía sentirlo en la piel,
podía sentir las tenues corrientes que lo enredaban, rozándome al pasar.[11]
Aire que late y circula. Hice un recuento entonces de todo cuanto sé.[12]   *5*
¡Sé muchas cosas! Conozco yerbas, y algunas curan, otras tienen muy
buen sabor, o huelen bien, o son propicias, o pueden causar la muerte o la
locura, o simplemente lucen cubiertas de minuciosas flores.[13] Pero sé más:
guardo parte de lo que he visto: rostros, nubes, panoramas, superficies de
rocas, muchas esquinas, gestos, contactos; conservo también recuerdos que   *10*
originalmente fueron de mis abuelas, o de mi madre, o de amigos, y
muchos que a su vez oyeron ellos a personas muy viejas. Conozco textos,
páginas, ilusiones. Sé cómo ir a lugares, sé caminos. Pero la sabiduría es
como el corazón: está guardada, latiendo, resplandeciendo imperceptible-
mente, regulando canales rítmicos que en su flujo y en su reflujo van a   *15*
comunicarse a otros canales, a torrentes, a otras corrientes inadvertidas y
manejadas por la radiante complejidad de una potente válvula central.[14]

   Todos los días llegan noticias. Toman todas las formas: suenan,
relampaguean, se hacen explícitas o pueriles,[15] se entrelazan, germinan.
Llegan noticias, las recibo, las comunico, las asimilo, las contemplo. (*Se*   *20*
levanta.) ¡Noticias!

Oscuridad.

El estruendo de un descarrilamiento:[16] *silbatos,*
gritos, fierros que se arrastran sobre fierro, volca-
duras. Silencio. Relámpagos deslumbradores.   *25*

Oscuridad.

Entra corriendo un voceador.

VOCEADOR   Su Prensa, joven, lleve su periódico. Muchachos vagos que
   descarrilan un tren.[17] Lea cómo pasó el impresionante desastre. Y era no-

---

[11] *podía sentir las tenues corrientes . . . rozándome al pasar* I could feel its tenuous currents
which were entangling it (the fish) brushing against me as I passed by.   [12] *Hice un recuento*
entonces de todo cuanto sé Then I went over in my mind all that I know.   [13] *lucen cubiertas*
de minuciosas flores they show themselves off covered with tiny flowers.   [14] *Pero la sabiduría*
es como . . . válvula central But knowledge is like the heart, hidden and beating, glowing
imperceptibly, regulating the rhythmic canals that flow back and forth and flow into other
canals, torrents and unexpected currents managed by radial complexity of a powerful central
valve.   [15] *se hacen explícitas o pueriles* they become explicit or insignificant.   [16] *El*
estruendo de un descarrilamiento The racket and screech of a train derailment.   [17] *Muchachos*
vagos que descarrilan un tren Delinquent youths derail a train.

más un tren de carga,[18] ¿qué tal si hubiera sido de pasajeros? [19] Lleve su
Prensa de hoy, su Prensa de hoy . . . *(Sale.)*

Oscuridad y en seguida luz general.[20]
Una calle: hay una caseta pública de teléfonos.[21] Polo,
subido en un cajón, trata con un alambre de extraer   *5*
delicadamente la moneda que guarda el aparato. Toña
vigila que nadie venga.

TOÑA   *(Aprisa.)*   Apúrate que ahí vienen. ¡Aguas, aguas! [22] ¡Ahí viene un
viejo y creo que va a hablar!   Viene viendo una libretita.

Polo sale de la caseta, queda parado junto a la   *10*
muchacha. Un hombre entra y en efecto va al telé-
fono. Entra a la caseta. Los chicos se ven.

TOÑA   Está descompuesto. No sirve ese teléfono.

El hombre iba a echar la moneda. Se detiene. Ve a los
muchachos.   *15*

HOMBRE   ¿No sirve?

POLO Y TOÑA   No.

El cuelga. Se va. Vuelve Polo a su tarea y ella a su
vigilancia. El logra al fin sacar la moneda del aparato.
La ven juntos, contentos.   *20*

TOÑA   ¿Qué compramos?

POLO   Plátanos.

TOÑA   ¡Alegrías! [23] Mejor alegrías.

POLO   Bueno.

TOÑA   En la calzada hay otro teléfono.   *25*

POLO   Pasa mucha gente. Me ven.

TOÑA   En la noche no pasa mucha gente.

POLO   A ver. ¡Vamos a comprar!

Caminan hacia un vendedor de dulces que viene
con su tabla.[24]   *30*

---

[18] *no más un tren de carga* only a freight train.   [19] *¿qué tal si hubiera sido de pasajeros?* but
what if it had been a passenger train? [20] *Oscuridad y en seguida luz general* Darkness once
again and then the stage lights come up.   [21] *una caseta pública de teléfonos* a telephone
booth. [22] *¡Aguas, aguas!* Hold it, hold it!   [23] *¡Alegrías!* Candy!   [24] *tabla* tray.

POLO   ¿A cómo las alegrías?

VENDEDOR   A cinco, a diez y a veinte.

POLO   Dos de a cinco.

TOÑA   Juégale un volado.²⁵

POLO   ¿Echamos un volado? ²⁶   5

VENDEDOR   ¿De a cómo? ²⁷

TOÑA   ¡De a veinte!

POLO   *(Dudoso.)*   Mejor de a diez, ¿No?

VENDEDOR   ¡No se me raje! De a veinte. ¡Orale, vuela! ²⁸

POLO   ¡Aguila!   10

VENDEDOR   Sol.

> *La ven. Este se embolsa la moneda y se va. Un*
> *silencio. Toña y Polo caminan.*

TOÑA   Pues yo creí que ... Pues podías haberle ganado. Lo hubieras
echado tú.²⁹   15

> *Silencio. Caminan. Patean algo.*

TOÑA   Pues ... Hubieras dicho que no jugabas el volado. Para qué lo
jugaste de a veinte. Yo nomás decía.

POLO   Oh, ya cállese.³⁰

> *Silencio.*   20

TOÑA   Juégale otro.

POLO   ¿Con qué?

TOÑA   Yo tengo aquí lo de mi camión.³¹

POLO   ¿Y luego con qué te vas?

TOÑA   Pues ... pues ... le ganas, ¿no?   25

POLO   Sí ... re fácil.³²

TOÑA   Pero échalo tú. Toma.

POLO   ¡Oiga! ¡Oiga! ¡Jugamos otro volado!

> *Vuelve el Vendedor.*

---

²⁵ *Juégale un volado* Flip him (for them).   ²⁶ *¿Echamos un volado?* Do you want to
flip?   ²⁷ *¿De a cómo?* For how much?   ²⁸ *No se me raje. De a veinte. Orale, vuela* Don't
back out! For twenty ! Here goes!   ²⁹ *Lo hubieras echado tú* You should have flipped
it.   ³⁰ *Oh, ya cállese* Oh, shut up.   ³¹ *Yo tengo aquí lo de mi camión* I've got my bus fare
here.   ³² *re fácil* real easy.

VENDEDOR   ¿Jugamos otro?

POLO   Yo lo echo.

VENDEDOR   ¿De a cómo?

TOÑA   De a veinte

POLO   De a veinte. Vuela.   *5*

VENDEDOR   Sol. *(Ven.)* Sol. *(Recoge la moneda.)*

TOÑA   Pues yo lo echo. A ver. Vuela. ¡Aguila! *(Ven.)* Gané.[33]

VENDEDOR   Pero el que echa no pide[34] Vuela otra vez.

TOÑA   Ah, sí, ¿verdad? Porque gané yo. No se vale.

POLO   Es que es mujer. No sabe.   *10*

TOÑA   ¿Y qué? ¡Yo gané!

VENDEDOR   Andale. ¿Qué quieren?

TOÑA   Dos de a diez. *(Toman los dulces.)*

VENDEDOR   Echamos otro.

Ellos se ven.   *15*

POLO   Vuela. De a veinte. *(Lo echa.)*

VENDEDOR   Sol. *(Ve.)* Sol. ¿Otro?

Ellos niegan. El recoge la moneda y se va.

TOÑA   ¿Para qué le echaste otro? Ya habíamos ganado. Ahí estás, de
picado.[35] Ya desacompleté lo de mi camión. Y es re tarde.[36] Ora ¿cómo   *20*
me voy a la escuela?

Comen.

TOÑA   De todos modos . . . no hice la tarea.[37] *(Se limpia las manos en el
vestido.)* ¿Tú no vas a la escuela?

POLO   No tengo zapatos. Hasta la semana que viene me los compran.   *25*

TOÑA   Pues vete así.

POLO   La maestra revisa al entrar si les dimos grasa. Ni modo que me dé
grasa en las patas.[38]

---

[33] *Pues yo lo echo. . . . Gané* Well, I'll flip it. Let's see. It is flipping. Heads! I won.   [34] *Pero
el que echa no pide* But the one who flips can't call.   [35] *de picado* bitten by the gambling
fever.   [36] *re tarde* very late.   [37] *no hice la tarea* I didn't do my homework.   [38] *Ni modo
que me dé grasa en las patas* There's no way I can polish my feet.

TOÑA   Me queda un veinte. ¿Compramos jícama?[39]

POLO   Bueno.

>   *Ahora hay una vieja vendiendo jícama.*

POLO   Dos de a cinco.

VIEJA   Son de a diez.   *5*

TOÑA   Están re caras. Y chiquitas. A dos por quince, ¿no?

VIEJA   Andale, pues.

TOÑA   Con chile.

>   *Las prepara, se las da, pagan, comen.*

POLO   Queda un quinto.   *10*

TOÑA   Lo guardamos, para el rato.

>   *Llegan al teléfono.*

POLO   *(Ocurrencia repentina.)*   ¿No habrá hablado nadie?

>   *Entra a la caseta, alza la bocina, la cuelga de*
>   *nuevo; cae un veinte, devuelto. Lo saca, atónito.*   *15*

POLO   ¡Salió solito! ¡Cayó un veinte solo! ¡Mira, un veinte! ¡Lo alcé y
salió!

>   *Toña entra corriendo y alza y baja la bocina,*
>   *golpea el aparato, lo sacude, le mueve el disco,[40] le*
>   *jalonea el gancho, muy aprisa y con mucha violencia.*   *20*
>   *Cuelga.*

TOÑA   Ya no salen más.

POLO   Ahí viene Maximino. ¡Quihubo! [41]

>   *Lo saludan. Entra Maximino. Unos 23 años. Viste*
>   *sudadera blanca, no muy limpia, pantalón de mezclilla*   *25*
>   *viejo, zapatos tennis.*

MAXIMINO   Quihubo.

TOÑA   Nos encontramos un veinte en el teléfono. Este lo alzó y salió solito.

---

[39] *jícama* (from the Aztec *xicama* Pachyrhizus angulatus) a tuber or white bulb, the size of a
large onion, which has a fresh flavor, and is eaten raw, usually with salt and lemon.   [40] *le
mueve el disco* she dials.   [41] *¡Quihubo!* Hi! What's new?

POLO   Y yo le saqué otro, con un alambre.

MAXIMINO   Andenle y que les caigan.⁴²

TOÑA   ¿Qué nos hacen?

MAXIMINO   Me los guardan cinco años, o más.

TOÑA   A poco. Por un veinte.   *5*

MAXIMINO   Pues claro.

TOÑA   Yo nada más le eché aguas.⁴³

MAXIMINO   Cómplice. Cuatro años.

                                        Breve silencio incómodo.

POLO   ¿Y tu moto?⁴⁴   *10*

TOÑA   (Se le cuelga del brazo.)   Llévanos a dar una vuelta.

MAXIMINO   Está re fregada.

POLO   ¿Qué le pasó?

MAXIMINO   La corrí mucho sin aceite, se desbieló, la patada quedó
    trabada.⁴⁵   *15*

                                        Toña se ríe.

MAXIMINO   Mira ésta, ¿de qué se ríe?

TOÑA   Pues cómo que la patada, será la rueda.⁴⁶

POLO   Ay, tan bruta, la patada es la marcha.⁴⁷

TOÑA   Ay, sí, tú, tanto que entiendes.   *20*

POLO   ¿Tú la vas a arreglar?

MAXIMINO   No, en el taller, cómo. Hay que rectificarla.

TOÑA   Lo que pasa, que esa motocicleta ni sirve.

POLO   Nomás estás hablando de hocicona,⁴⁸ ni sabes nada de nada.

TOÑA   ¡Y tú sí sabes! A poco es muy buena. Ya está rete usada.⁴⁹   *25*

MAXIMINO *(Con orgullo.)*   250 centímetros cúbicos de cilindrada y un
    caballaje de 16. Nomás.

---

⁴² *Andenle y que les caigan* Good for you! Keep it up 'til they catch you.   ⁴³ *Yo nada más le eché aguas* All I did was to stand guard.   ⁴⁴ *moto* motorcycle.   ⁴⁵ *La corrí mucho . . . quedó trabada* I ran it too long without oil, it threw a rod and the kick pedal stuck.   ⁴⁶ *Pues cómo que la patada, será la rueda* Kick pedal! It must be the wheel.   ⁴⁷ *la marcha* the starter.   ⁴⁸ *Nomás estás hablando de hocicona* You just can't keep your big fat mouth shut.   ⁴⁹ *¡Y tú sí sabes! A poco es muy buena. Ya está rete usada.* But you know it all, don't you? Next thing you are going to say it's a great motorcycle! It's just an old beat-up rattletrap!

TOÑA   ¿Y eso qué?

MAXIMINO   Eso quiere decir que es muy buena.

TOÑA   *(Convencida.)*   Aaah. Pues yo la veía tan vieja . . .

MAXIMINO   ¿Y ora qué hacen aquí? ¿No fueron a la escuela?

POLO   Yo no tengo zapatos y ésta se gastó el dinero de su camión.   5

TOÑA   Se lo gastó él, se lo jugó en volados.

POLO   Chismosa, vieja había de ser.[50] Ella quiso jugar.

MAXIMINO   Te doy para tu camión.

TOÑA   De todos modos . . . No había hecho mi tarea. Mejor me haces una carta diciendo que estuve enferma. ¿Sí me la haces?   10

MAXIMINO   Bueno, ¿y qué digo?

TOÑA   Te la dicto luego.

MAXIMINO   ¿Y adónde van a largarse, toda la mañana?[51]

POLO   Pues . . . a ver. Vámonos por la vía, tú.

TOÑA   Puros basureros hay allí.[52]   15

POLO   Luego encuentra uno cosas. Y se ve pasar el tren.

TOÑA   ¿Qué traes aquí? Déjame ver.

> *La cartera de Maximino, que él trae en la bolsa*
> *posterior del pantalón.*

POLO   Ora, no tiente.   20

TOÑA   Deja ver.

> *Le saca la cartera. Se sienta a ver lo que contiene. Max*
> *y Polo la observan, con paciencia masculina.*

TOÑA   ¡Ay, qué guapo saliste en este retrato![53] Regálamelo.

MAXIMINO   Sí, se rompió la cámara. ¿Para qué lo quieres?   25

TOÑA   Para tenerlo. Regálamelo.

MAXIMINO   No, luego lo necesito y no tengo.

TOÑA   Si me lo das . . . lo pongo en mi espejo, en el cuarto.

POLO   Lo va a enseñar y va a decir que eres su novio.

---

[50] *Chismosa, vieja había de ser.* Stool pigeon, just like a dame.   [51] *¿Y adónde van a largarse, toda la mañana?* where do you plan to hang out all morning?   [52] *Puros basureros hay allí* There are just garbage dumps that way.   [53] *¡Ay, qué guapo saliste en este retrato!* Hey, you turned out real handsome in this picture.

TOÑA   Mentiras, ¿qué te importa? Regálamelo.

MAXIMINO   Bueno, tenlo.

TOÑA   Pero escríbele algo, anda.

> *Maximino encuentra esto muy difícil. Toma su*
> *lapicero, va a poner algo.*   *5*

MAXIMINO   No, ¿para qué? Llévatelo así.

TOÑA   Escríbele, anda, escríbele.[54]

> *Maximino piensa. Se sienta y escribe difi-*
> *cultosamente. Se detiene. Piensa de nuevo. Escribe.*
> *Firma con gran rúbrica*[55] *que apenas cabe en el*   *10*
> *cartoncito. Lo da, un poco ruboroso, a la muchacha.*

TOÑA   *(Lee.)*   ◄Para mi amiguita Toña. Con sincero aprecio, de su amigo Maximino González». Lo voy a poner en mi espejo, en el cuarto.

POLO   Amiguita no lleva hache.[56]

TOÑA   Ay, si tú, tanto que sabes, por eso sigues en quinto. A ver qué más   *15*
traes. ¿Estos son tus papás?

MAXIMINO   Sí.

TOÑA   Mira, tus papás. ¿Quién es ésta?

MAXIMINO   Mi chamacona.[57]

TOÑA   ¿Esta flaca tan fea? Y está bizca.   *20*

MAXIMINO   Bizca estarás tú.

> *Le quita la cartera, se la guarda.*

TOÑA   Está bizca. Tiene un ojo al norte y otro al sur.[58]

> *Maximino saca su cartera, ve la foto. La enseña*
> *luego.*   *25*

MAXIMINO   A ver, ¿dónde está bizca? Quisieras.[59] *(Se la guarda.)*

TOÑA   Está bizca.

MAXIMINO   Ahí nos vemos.

TOÑA   Mentiras, no está bizca, no te vayas.

---

[54] *Escríbele, anda, escríbele* Go on write something. Write something on it! [55] *con gran rúbrica* with a large flourish. [56] *Amiguita no lleva hache* "Amiguita" is not spelled with an h. [57] *Mi chamacona* My girl friend. [58] *Tiene un ojo al norte y otro al sur* One eye points to the north and the other one to the south. [59] *Quisieras* Like hell she is!

MAXIMINO   Ya me voy a chambiar.[60] Es tarde.

POLO   Andale.

MAXIMINO   Nos vemos. *(Va saliendo.)* ¿No quieres para tu camión?

TOÑA   No hice mi tarea. *(Maximino va a salir. Ella dice:)* Oyes, cuando me
retrate, te doy uno, pero lo pones en tu cartera, ¿eh?   5

MAXIMINO   Sí. *(Sale.)*

TOÑA   *(Le grita.)*   Salúdame a Ojitos Chuecos.[61] *(Se ríe.)*

POLO   ¿De veras está bizca?

TOÑA   Sí . . . No. *(Ve la foto.)* La voy a poner en mi espejo.

POLO   Maximino sí es cuate.[62] *(Salen.)*   10

> *Oscuridad a ellos, luz al basurero.*
> *Es una alfombra de basura. En torno a ella, plantas*
> *y ramas. Al fondo, la vía del tren. Luz del día, sol*
> *radiante. Los pepenadores recogen papeles, alguna*
> *botella entera, revisan otros objetos de desecho[63] que*   15
> *encuentran y los guardan o los tiran.*
> *Ella lanza una pequeña exclamación y se ve el pie;*
> *ve un trozo de vidrio que la lastimó. Masculla algo.*
> *Sale cojeando.*
> *El hombre la ve ir, sigue su tarea. Se arrodilla entre*   20
> *la basura; descubre un zapato, lo observa, lo deja.*
> *Por la vía, que está al fondo, vienen Toña y Polo,*
> *haciendo equilibrios en un riel.[64]*
> *El Pepenador va a salir, recogiendo lo que le sirve*
> *al paso. Ve a los muchachos. Se dirige a ellos.*   25

PEPENADOR   *(Aguardentoso.)*   Joven, ¿no tiene un quintito?

POLO   No tengo.

PEPENADOR   Para curarme. Ando mal.

> *Polo niega. Pepenador va a salir.*

TOÑA   ¡Señor! Ora, Polo, dale. Señor, venga.   30

> *Polo hace una mueca.[65] Le da el dinero.*

PEPENADOR   *(Tan confuso que casi no se entiende.)*   Dios los ha de
favorecer. *(Sale.)*

---

[60] *Ya me voy a chambiar* I have to go to work now.   [61] *Salúdame a Ojitos Chuecos* Be sure
to say hello to little Miss Cock-eyes for me.   [62] *Maximino sí es cuate* Maximino sure is a
great guy.   [63] *de desecho* of rubbish.   [64] *haciendo equilibrios en un riel* balancing on the
railroad track.   [65] *hace una mueca* makes a face.

TOÑA   ¿Le diste todo?

POLO   Pues sí.

TOÑA   ¡Te pidió un quintito! Ay, qué tarugo.[66]

POLO   ¡Pues tú dijiste que le diera!

TOÑA   Pero no todo. Te pidió un quintito.   5

POLO   Loca y además coda.

TOÑA   Ya ni modo. Huele re macizo aquí.[67]

POLO   A basura.

TOÑA   A . . . yerbas. Sí, a yerbas re fuerte.[68] Esas yerbas. Y huele
a . . . Hay muchas moscas. Ha de haber un animal muerto.   10

> Se pone a cantar a gritos una especie de acompaña-
> miento de orquesta, baila.

POLO   Tas loca, tú.[69]

TOÑA   ¿No sabes bailar? Mi hermana me enseñó éste mira. *(Hace el
paso,*[70] *cantando.)* ¿No sabes?   15

POLO   Sí. *(Baila un momento con ella, luego se aleja. La deja bailando.)*
¡Una pieza de motor! [71]

> Saca un fierro irreconocible, de entre la basura, le
> da vueltas perplejas las manos.

TOÑA   ¿Para qué sirve?   20

POLO   Para un motor. Se lo voy a llevar a Maximino. *(Lo deja a un lado.)*

TOÑA   Voy a hacer un ramo de flores.

> Empieza a cortar florecitas minúsculas. Grita.

POLO   ¿Qué pasó?

TOÑA   Me piqué. Tiene espinas. ¡Ay, mamacita linda! *(Se chupa el dedo.*   25
Truculenta.) Mira: me salió sangre.

> Canta y baila su paso nuevo. Corta flores.

POLO   Ayer fui a ver ◄El enmascarado negro contra los monstruos►.[72]

TOÑA   Yo fui a ver el domingo ◄La mansión de la sombra negra►. Me dio
tanto miedo que en la noche grité, porque, soñé cosas.   30

---

[66] *Ay, qué tarugo* Oh, you're so stupid.   [67] *Ya ni modo Huele re macizo aquí* There's
nothing you can do about it. What a stink there is here!   [68] *A . . . yerbas. Sí, a yerbas re
fuerte* Smells of weeds. Yes, real stinky weeds.   [69] *Tas (Estás) loca, tú* You're
crazy.   [70] *Hace el paso* She executes the step.   [71] *¡Una pieza de motor!* Here's part of an
engine!   [72] ◄*El enmascarado negro contra los monstruos*► The Masked Avenger Against the
Monsters.

POLO   ¿Qué soñaste?

TOÑA   Quién sabe. Re feo. Estas son avispas. Hay muchas. Y pican.

POLO   Te pican si les tienes miedo.

El hace equilibrios en el riel.

POLO   Hay unos tipos que caminan en alambres, rete alto; agarran un palo   5
para hacer equilibrios y caminan. Se ha de poder.[73]

TOÑA   Sí. Salen en el cine.

POLO   Pero ahí son puros trucos.[74]

TOÑA   Yo vi una que se para sobre un caballo y luego va en un pie, así, y el
caballo corre. Yo lo ví. En el circo.   10

POLO   ¿Cuándo fuistes?

TOÑA   Una vez. Me llevó mi papá.

POLO   ¿No que se murió tu papá?

TOÑA   Pues sí, pero antes me llevó al circo. Era re buena gente mi papá.
También había un oso que andaba en bicicleta.   15

POLO   Qué chiste tiene andar en bicicleta.

TOÑA   Pues al oso le daba rete harto trabajo.[75] Mira las flores que junté.

POLO   Tan poquitas.

TOÑA   Luego junto más, no me vayan a picar las avispas. ¡Mira! Esa lata
está buena para maceta.[76] Para una planta bien grande.   20

*Es una lata redonda, de buen tamaño. La va a tomar,
no puede alzarla.*

TOÑA   Ay, pesa.

POLO   A poco.[77] Ya. *(Le chifla su burla.)*[78] No puedes alzarla.

Va: tampoco él puede. Trata de nuevo: no puede.   25
Se monta casi sobre ella, sin lograr levantarla. Ella se
ríe tanto que se le caen las flores. Las recoge,
riéndose.)

POLO   ¿Y ora?[79] ¿Qué le pasa a esto?

Se ha asustado un poco. Toña se queda seria: nota   30
algo irreal en el peso de aquello.

---

[73] *Hay unos tipos . . . poder* There are guys who walk on wires way up high; they hold onto a
stick so as to keep their balance, and they walk. You think it's true?   [74] *Pero ahí son puros*
trucos But there they are just tricks.   [75] *Pues al oso le daba rete harto trabajo* Well, it was
terribly hard work for the bear.   [76] *Esa lata está buena para maceta* That tin will make a
great flower pot.   [77] *A poco* I'll bet.   [78] *Le chifla su burla* He gives her a Bronx
cheer.   [79] *¿Y ora? (Y ahora)* Now what?

TOÑA   ¿No puedes?

POLO   *(Preocupado.)*   No.

> *Toña da un gritito. Se aleja apretando sus flores*
> *contra el pecho.*

TOÑA   Es muy raro que pese tanto.   *5*

POLO   Miedosa. *(Se aleja de la lata. Un silencio.)* A ver qué tiene esto.

TOÑA   Déjala mejor.

POLO   *(Le da vueltas, con cautela.)*   ¿Por qué pesará tanto? ¡Está llena de
cemento!

TOÑA   ¿Sí? ¿Por qué?   *10*

POLO   Ha de ser una de esas que agarran los albañiles para . . . cosas.[80]
Mira: está llena de cemento.

TOÑA   Ah. Eso era. *(Ve.)* Sí. Está llena de cemento. No sirve para maceta.

> *Se pone a cantar y bailar su paso. Luego se pone*
> *unas florecitas en el pelo.*   *15*

TOÑA   Mira, ¿qué tal?[81]

POLO   *(Rueda la lata con el pie.)*   Se puede rodar. A ver, ayúdame.

TOÑA   Espérate. *(Se pone otras flores.)* Ahora sí.

> *Lo ayuda. Ruedan la lata.*

TOÑA   ¿Dónde la llevamos?   *20*

POLO   Al otro lado de la vía. *(La ruedan hacia el fondo.)* Por
allá está más difícil.[82]

> *La llevan rodando hacia lo más difícil: el fondo, a*
> *la izquierda. Se oye el silbato del tren.*

TOÑA   Apúrate, que ahí viene el tren.   *25*

> *Se apuran. Están en lo más alto del terreno. Se oye*
> *lejos el silbato del tren. Se ven.*

LOS DOS   ¡Vamos a ponerla en la vía!

> *La idea les da risa nerviosa y alegre. Empujan. La*
> *lata pesa y en el suelo hay obstáculos, quiere*   *30*

---

[80] *Ha de ser . . . cosas* It must be one of those things brick-layers use for . . . something.   [81] *Mira, ¿qué tal?* Look, what do you think?   [82] *Por allá está más difícil* It's harder if we go that way.

regresarse.[83] *Ellos empujan. Suena el silbato, más
cerca. Ellos empujan la lata. Salen. Silbatazos. El tren
llega. La luz disminuye. Se oye el estruendo del
descarrilamiento. Oscuridad. Relámpagos que
iluminan a los muchachos en la misma postura,*   5
viendo fascinados.[84]

Oscuridad

VOCEADOR *(Se le oye en lo oscuro.)* Lea la noticia del descarrilamiento.
Grandes pérdidas. Grandes pérdidas. Grave desastre ocasionado por unos
vagos. La Prensa de hoy, la Prensa de hoy.   10

*Luz. La Intermediaria está ante un enorme libro,
puesto en un atril o en algo propio para hojearlo. Irá
mostrando grabados enormes y minuciosos que hay
en cada hoja. Son quizá grabados antiguos, podría
pensarse en Durero,*[85] *o en ciertas láminas botánicas*   15
y zoológicas alemanas del XIX,[86] *o en los códices
mexicanos (o en las tres cosas). Están tenuemente
policromados. Ella viste en colores algo más
claros.*

INTERMEDIARIA En este libro hay imágenes de animales. *(Lo abre.)* Daré   20
noticia de ellos.[87] El perro está inscrito aquí como guardián de la
integridad física del hombre que le haya sido designado.[88] Unico entre las
bestias, posee sentido de propiedad, siempre nos dice: «mi casa, mi patio,
mi árbol, mi dinero, mi amo, mi amor». Lo cuida y lo defiende como un
avaro, como un apasionado; descubre así ladrones, descubre a pedigüeños,   25
descubre cobradores, y a todos ladra y agrede. «Yo protejo a mi amor y al
mundo». El cree que su casa es el eje del mundo.[89] *(Otra hoja)* El gato
cuida la integridad espiritual de quienes considera sus amigos. El recoge las
sombras, él expulsa las malas voluntades; hace pequeños sacrificios
sangrientos por el bien de la casa;[90] mata ratones huidizos, aves canoras y   30
pollos asombrados: luego, con la presa entre los dientes realizará un rito.[91]

---

[83] *quiere regresarse* it wants (starts) to roll back. [84] *viendo fascinados* staring with
fascination. [85] *podría pensarse en Durero* in the style of Dürer. [86] *ciertas láminas . . . del
XIX* certain botanical and zoological illustrations of the German school of the nineteenth
century. [87] *Daré noticia de ellos* I'll tell you about them. [88] *El perro . . . le haya sido
designado* Here it is written that the dog guards the physical integrity of the man to whom he
has been assigned. [89] *el eje del mundo* the very hub of the world. [90] *El recoge las
sombras . . . de la casa* He gathers up shadows, he expels evil wills, he makes small, bloody
sacrifices for the good of the home. [91] *luego, con la presa entre los dientes realizará un
rito* then, later, his prize between his teeth, he will perform a ritual.

En la noche va a la azotea: analiza los halos, las ondas, los vapores, consulta el aire, se le confían tareas,[92] corre y da gritos espeluznados, se perpetúa . . . O se entrega gustoso a los estragos de algún rayo secreto, que estaba destinado a personas de su más alta estimación.[93] Por eso hay gatos que perecen de manera enigmática. *(Otra hoja.)* La gallina es un gran   5
almacén alimenticio: da diariamente, con un esfuerzo dulce, huevos de rigurosa estética que encierran en su cáscara una explosión inmensa de corrales; y preguntas eternas, como: ¿quién fue primero? . . . Mas cuidado si al partirlos hay en la clara nubarrones o la yema es confusa:[94] tal vez alguna vieja limpió un cuerpo de pasiones y enfermedades con ese huevo,   10
tal vez hemos quebrado la pequeña caja de una Pandora de la vecindad,[95] y mientras ella ríe su salud recobrada, nosotros nos hallamos a un paso de ingerir sus viejos males.[96] *(Otra hoja.)* Cuidado con los peces de colores: hacen círculos caprichosos, tejen, destejen, tejen escrituras oceánicas,[97] ven con sus ojos muertos a través del cristal y llaman con sus aletas, llaman   15
enfermedades escamosas,[98] giran y van y vienen y hacen signos que más vale ignorar y que leemos cuando ya es tarde. Cuidado con las peceras.[99] Sus mejores guardianes son los gatos. *(Otra.)* Las mariposas dicen cosas profundas. Dicen: ‹fugacidad, misterio.› Dicen: ‹Amamos los cambios sorprendentes›. Dicen: ‹Todo es posible›. Dicen: ‹Todo se vale›. *(Otra.)*   20
Hay las serpientes, con un secreto fulminante y profundo a flor de labio.[100] *(Otra.)* Hay las abejas, que saben de[101] la energía solar y de la luz lo que no sospechamos siquiera. Hay . . . hay muchos libros. Y muchas advertencias . . .

> *Se queda asintiendo,[102] con un dedo en los labios,*   25
> *mientras la luz se desvanece.*
> *Luz cenital a primer término.*
> *Está un puesto de periódicos. El muchacho que los*
> *vende, al lado. Un señor y una señora ven los*
> *periódicos desplegados.[103]*   30

---

[92] *analiza los halos . . . se le confían tareas* he analyzes halos around the moon and the waves of light — radio waves — vapors; he consults with the air and is given secret assignments.   [93] *O se entrega gustoso . . . alta estimación* Or he may surrender with pleasure to the corrupting seduction of some secret ray which was destined for a person that was very dear to him.   [94] *Mas cuidado . . . es confusa* But beware in cracking an egg if the whites are cloudy or if the yoke is murky.   [95] *tal vez hemos quebrado . . . vecindad* perhaps we have broken into the small box of a local Pandora.   [96] *nosotros nos hallamos . . . viejos males* we are a step away from swallowing her old evils.   [97] *tejen escrituras oceánicas* they weave oceanic writings.   [98] *ven con sus ojos muertos . . . enfermedades escamosas* they can see through the crystal with their little dead eyes and they wave their fins invitingly, summoning scaly diseases.   [99] *Cuidado con las peceras* Beware of fish bowls.   [100] *a flor de labio* on the tips of their tongues.   [101] *saben de* know all about.   [102] *Se queda asintiendo* She keeps nodding her head.   [103] *los periódicos desplegados* the newspaper display.

SEÑORA   *(Como algo.)*   ¿No dice nada del descuartizado?[104]

SEÑOR   Unos vagos descarrilaron un tren. ¡Qué bárbaros![105] Le pusieron un bote con cemento, para voltearlo.

SEÑORA   *(Pensando en otra cosa.)*   Salvajes, puros salvajes tenemos aquí.[106]   *(Interesada.)* ¿Hubo muertos?   5

SEÑOR   . . . No. Era un tren de carga. Se voltearon carros. Mira qué caras. Dice que tienen . . . doce y catorce años. Parecen de 40.

> *Luz al fondo: dos fotos enormes de Toña y Polo,*
> *tan siniestras como cualquier foto de policía:[107] se*
> *ven avejentados y asustados, capturados a la mitad*   10
> *de alguna leve mueca desconcertada.[108]*

SEÑORA   *(Distraída.)*   Es el vicio. Esa gente es viciosa desde chica.[109]

SEÑOR   *(Viendo si viene el camión.)*   ¡Ha de ser la miseria!

SEÑORA   Sí, la miseria es horrible.[110] ¿No decía nada del descuartizado?

SEÑOR   Allá viene el camión.   15

> *Van a tomarlo.*

VOCEADOR   Noticias, la Prensa de hoy . . .

> *Oscuridad.*

> *Luz a la Maestra, que avanza a primer término,*
> *muy polveada, rizada «permanente», boca pequeña*   20
> *muy roja; tiene unos 60 años.*

MAESTRA   Antes de que empecemos la clase quiero que sepan algo muy triste y vergonzoso para esta escuela: un compañero de ustedes, Leopoldo Bravo, ha cometido un acto delictuoso[111] y se encuentra preso. Como dice bien el periódico, ha sido culpa de la vagancia y *(lee)* la mal-   25
vivencia.[112] Ese muchacho estaba repitiendo el quinto año; no sé por qué lo admitieron. ¡No vamos a admitir reprobados el año entrante![113] ¡Lo oyen! Vagancia, estupidez y . . . falta de Civismo. *(Lee.)* Los delincuentes juveniles quedaron inmóviles junto a la vía, viendo su obra. Fueron

---

[104] *¿No dice nada del descuartizado?* Doesn't it say anything about the trunk murder?   [105] *¡Qué bárbaros!* What barbarians!   [106] *puros salvajes tenemos aquí* they're all a bunch of savages.   [107] *cualquier foto de policía* any police mug shot.   [108] *capturados a la mitad de alguna leve mueca desconcertada* photographed at the moment of some nervous twitch.   [109] *Esa gente es viciosa desde chica* Those people are criminal from the day they are born.   [110] *la miseria es horrible* poverty is something awful.   [111] *un acto delictuoso* a criminal act.   [112] *ha sido culpa de la vagancia y la malvivencia* it was all due to idleness and "loose living".   [113] *¡No vamos a admitir reprobados el año entrante!* Next year (and in the future) we are not going to admit students who have flunked out!

capturados fácilmente. *(Asiente, busca otro trozo ejemplar.)* Debe culparse también al abandono de los padres *(Asiente)* que dejan a sus hijos entregados a la vagancia,[114] y al descuido de los maes... *(Calla. Dobla el periódico.)* Pues ya lo saben, eso pasó. Se los he dicho porque esto tiene una lección para todos: no deben andar de vagos. Tú, Martínez Pedro, que nunca traes la tarea, óyelo bien: tu amigote ya está en la cárcel. Y tú, Antúnez, fíjate: si repruebas, ¡no vuelvas a esta escuela! Y acuérdense que deben traer uniforme blanco para el lunes, sin falta, o no serán recibidos. No hay pretexto: no me salgan con que no tienen para comprarlo, que en otras cosas sí gastan.[115] Ahora, vamos a ver, los quebrados. Tú mismo, Antúnez, dinos: ¿qué es el común denominador?

Oscuridad.

Dos estudiantes universitarios leen el periódico.

LA ESTUDIANTE   ¿Ya viste? Unos chamaquitos[116] descarrilaron un tren. Estos, mira.

EL ESTUDIANTE   ¡Qué bárbaros! ¿No se mató nadie? *(Lee.)*

LA ESTUDIANTE   No, de casualidad. Era un tren de carga.

EL ESTUDIANTE   ¡Qué vaciados escuintles! ¡Se volaron la barda![117] *(Ríe.)*

LA ESTUDIANTE   Se voltearon dos carros y la máquina se llevó un árbol de corbata.[118] ¡Se rompió toda! *(Se ríe.)* ¿Pero qué les daría por hacer eso?[119]

EL ESTUDIANTE   Puntada.[120]

LA ESTUDIANTE   ¡Qué tipos, se inspiraron![121] *(Se ríen.)*

Oscuridad.

El taller. Maximino trabaja en un motor. Suena el teléfono.

---

114 *Debe culparse también... y al descuido de los maes...* One must also blame the parents who allow their children to drift into idleness as well as the irresponsibility of the teach.... 115 *No hay pretexto: ... que en otras cosas sí gastan* There are no excuses and don't you tell me that you don't have enough money to buy them; you certainly spend enough for other things. 116 *Unos chamaquitos* Some little squirts. 117 *¡Qué vaciados escuintles! ¡Se volaron la barda!* What knuckle-heads! They've sure cooked their goose now! 118 *la máquina se llevó un árbol de corbata* the engine ran off with a tree as though it were a necktie. 119 *¿Pero qué les daría por hacer eso?* But why would they do such a thing? 120 *Puntada* Wild, man, wild. 121 *¡Qué tipos, se inspiraron!* What characters, that's what I call inspired!

MAXIMINO   Bueno. —«Afinaciones Larrañaga».[122] —Yo soy, habla Maximino —Ah, quihúbole. — ¿Cuáles cuates míos?[123] — ¿A la cárcel? — ¡Cómo
va a ser! — ¿A lo macho?[124] — ¡Les cayeron en un teléfono! — ¿Un qué?
¡Un tren! — ¿Cómo que descarrilaron un tren? ¿Palabra?[125] — ¿Adónde
se los llevaron? —Ssss...Chin.[126] ¡Qué bruto![127] ¿Pero ¿cómo va a ser?   5
Bueno, a ver qué se hace. —Sí, son mis cuates, qué bueno que avisaste.
Andale, adiós. *(Cuelga.)*

> *Se queda pensativo. Entra el dueño del taller. Viste*
> *unión de mezclilla.*

MAXIMINO   Don Pepe, voy a tener que irme. Se llevaron unos amigos a la   10
cárcel.

DON PEPE   ¿Y tú por qué andas metido en eso?

MAXIMINO   A mí nomás me acaban de avisar. Son cuates.

DON PEPE   ¿Qué hicieron? ¿Por qué se los llevaron?

MAXIMINO   Descarrilaron un tren.   15

DON PEPE   *(Aterrado.)*   ¡Comunistas!

MAXIMINO   No, no. Son dos chamaquitos, chicos. Los ha de conocer. A
veces los traigo hasta acá, en la moto. Polo y Toña.

DON PEPE   *(Mueve la cabeza.)*   Le hicieron algo a un tranvía. Por ir allí
colgados ...[128]   20

MAXIMINO   No, tren. Ferrocarril. Dicen que lo voltearon, no sé bien.

DON PEPE   Bueno, anda, pero regresas en una hora y acabas con esto que
me lo encargaron de urgencia.

MAXIMINO   Sí, claro.

DON PEPE   Lo que tardes, luego te quedas.   25

MAXIMINO   Sí, seguro. Seguro. *(Va a salir.)* Don Pepe . . . Si llegara a hacer
falta . . . ¿usté podría prestarme . . . algo de dinero?

DON PEPE   Siempre acaban en eso las cosas. ¿Qué no tienen familia?

MAXIMINO   Pues . . . yo no creo que las familias puedan.

DON PEPE   A ver. Luego hablamos. A ver.   30

MAXIMINO   Gracias. *(Sale.)*

DON PEPE   Pero, ¿qué andaban haciendo con ese tren?

> *Oscuridad.*

---

[122] *Afinaciones Larrañaga* Larrañaga's Garage.   [123] *¿Cuáles cuates míos?* What friends of
mine?   [124] *¿A lo macho?* Really?   [125] *¿Palabra?* You're sure?   [126] *Chin* (A common
Mexican vulgarism.)   [127] *¡Qué bruto!* That's rough.   [128] *Por ir allí colgados* Because they
were hitching a ride.

El basurero. El Pepenador viene del tren, feliz,
cargando un costal.

PEPENADOR Ora, córrale[129] que hay hartos tirados.[130] ¡Se salieron de los carros!

Viene la Pepenadora, hacia el tren.   *5*

PEPENADORA Yo me llevé uno de frijol.[131]

PEPENADOR ¡Hay azúcar! Ese tren traía puros carros de comida.

Salen cada cual por su lado, corriendo. Vienen una
muchacha y un muchacho.

MUCHACHA ¿No nos dirán nada?   *10*

MUCHACHO No hay nadie cuidando. Andale, se quedó el carro abierto.

MUCHACHA Está volteado.

MUCHACHO Pues sí. Ni quien diga nada. Andale, que al rato llegan los policías.

MUCHACHA ¿No venía gente en el tren?   *15*

MUCHACHO Se fueron a declarar.

Salen corriendo. Vuelve la Pepenadora, con dos
costales, que apenas puede.[132] Ve venir otros y les
dice:

PEPENADORA Apúrense, que hay hartas cosas.[133]   *20*

Entra una Señora de rebozo, muy pobre de
aspecto.

SEÑORA Virgen Santa, ¿no estarán vigilando?[134]

PEPENADORA Dejaron a unos,[135] pero también sacaron bultos y se los llevaron a sus casas. *(Ya tomó aire Sale corriendo.)* Orita no hay nadie.   *25*

SEÑORA Virgen Purísima, yo creo que esto es un robo. *(A un hombre que viene.)* Ay, señor, ¿no será robo llevarse cosas del tren?

SEÑOR Ah, ¿qué se puede?

SEÑORA Dicen que no está nadie vigilando. ¿No será robo?

---

[129]*córrale* hurry up. [130]*hay hartos tirados* there are a whole bunch scattered. [131]*Yo me llevé uno de frijol* I carried off a sack of beans. [132]*que apenas puede* which she can barely carry. [133]*hay hartas cosas* there is a bundle of things. [134]*¿no estarán vigilando?* isn't there anyone standing guard? [135]*a unos* a few guards.

SEÑOR *(Piensa.)* Pues mire usté: si es robo . . . ni modo.[136]

SEÑORA Ay, Dios. *(Se persigna.)*

SEÑOR *(Convenciéndola.)* Total . . .

SEÑORA Esos costales han de pesar tanto . . .

SEÑOR Yo la ayudo. ¿Dónde vive usté?   5

SEÑORA Allá al final de la colonia.[137]

SEÑOR Yo también vivo por ahí. Andele.

SEÑORA Mi señor es tan serio, a ver si no le dicen que llegó usté conmigo. En fin . . . ¡Ya estaría de Dios! [138]

> *Salen, corriendo casi.*   10
> *Vuelven los Muchachos, cargando costales.*

MUCHACHA Hay que apurarse o se llevan todo.

MUCHACHO Ni en veinte viajes.

MUCHACHA Voy a traerme a mi hermanilla. Está chica, pero algo podrá cargar.   15

> *Salen. Vuelven los Señores, cargadísimos.*

SEÑORA Virgen Pura, yo creo que esto es un robo.

SEÑOR Qué robo ni qué fregada;[139] maíz y frijolitos.

SEÑORA Les voy a avisar a mis hermanos, que tienen tantos niños. Lástima que los míos estarán en la escuela, no pueden venir a ayudar.   20 Cómo pesa esto.

> *Salen. Se cruzan con los Pepenadores, que vuelven.*

PEPENADOR Me voy a echar todo adentro de mi costal.

PEPENADORA Pues sí, tapamos con papeles, por si nos caen.[140] Yo le avisé a mi comadre: también tiene derecho a tragar, ¿o no? [141] Orita viene   25 con sus chamacos.

PEPENADOR Hay que avisarles a todos. ¡Hay harto!

> *Salen.*
>
> *Oscuridad.*

---

[136] *Pues mire usté: si es robo . . . ni modo* Well as I see it, if it is stealing, there's nothing you can do about it.   [137] *al final de la colonia* on the outskirts of the city.   [138] *¡Ya estaría de Dios!* That would be the end of me!   [139] *Qué robo ni qué fregada* Stealing, stealing, what the hell!   [140] *por si nos caen* in case they catch us.   [141] *también tiene derecho a tragar, o no?* she's got a right to eat too, or doesn't she?

Entra la Intermediaria, con ropas todavía más claras. Su relato será ilustrado por dos bailarines.

LA INTERMEDIARIA   Voy a contar la historia de los dos que soñaron. Eran dos hombres buenos, llenos de fe, que vivían uno en el pueblo de Chalma, famoso en todas partes por su santuario, y el otro en el pueblo de Chalco, famoso en todas partes por su santuario. Una versión nos dice que estos dos hombres eran hermanos. Otra añade que eran gemelos, y extraordinariamente parecidos.[142] En otra más se dice que, simplemente, eran amigos. Y sucedió que soñaron. La misma noche, a la misma hora, cada cual en su pueblo: soñaron. Y éste fue el sueño que soñaron: una figura prodigiosa, radiante, llena de signos milagrosos, advirtió a cada uno: «Debes ir inmediatamente al pueblo donde vive tu amigo, tu hermano. Debes estar con él antes de que pasen tres días y los dos juntos deben cumplir una manda de baile y rezos,[143] allí en el gran santuario a cuyo lado él vive». Ellos, postrados, asentían en el sueño.[144] Y la figura repitió con gran énfasis: «Antes de tres días, no después. Y los dos juntos, no cada quien por su lado, y allí en el gran santuario a cuyo lado él vive». Despertaron sobresaltados y contaron el sueño a sus esposas. Y al hablar les parecía oír, todavía, el sonido de muchas campanitas de barro y de una persistente flauta de carrizo.[145] Ambos salieron de sus pueblos, uno de Chalma rumbo a Chalco, otro de Chalco rumbo a Chalma, para contar al otro la noticia y cumplir esa manda milagrosamente pedida. Algo después de un día de camino se encontraron los dos a la mitad exacta de la ruta. Y se contaron sus dos sueños, que eran el mismo, como la imagen de *dos* espejos contradictorios. No pudieron entonces decidir a qué pueblo marchar juntos: ¿a Chalma o a Chalco? Tiraron una moneda al aire y se perdió al caer, en una grieta del suelo. «Es un signo», dijeron, y allí mismo acamparon para esperar otra señal, u otro sueño.

Comieron, durmieron, despertaron y el plazo se agotaba. La señal no llegó. El terror del prodigio contradictorio[146] iba creciendo en ellos y la señal no llegó. En un principio, no *fue* ya tiempo de ir a los dos santuarios. Y no era ya tiempo ahora de ir a ninguno. La señal no llegó y ellos al fin decidieron cumplir allí mismo la manda. Era un lugar de maleza y rocas: lo desmontaron con sus machetes,[147] removieron juntos las rocas, hasta dejar limpio un terreno del tamaño del atrio de una iglesia extremadamente pequeña. La noche había caído y un vientecillo fresco y

---

142 *extraordinariamente parecidos* resembled each other amazingly.   143 *los dos juntos deben cumplir una manda de baile y rezos* the two of you together must carry out an injunction to dance and pray.   144 *Ellos, postrados, asentían en el sueño* In their dream they knelt and agreed.   145 *Y al hablar les parecía oír . . . flauta de carrizo* As they told it, it seemed to them that they could still hear the sound of many little clay bells and the music of a bamboo flute.   146 *El terror del prodigio contradictorio* Their fear of the contradictory vision.   147 *lo desmontaron con sus machetes* they cleared it with their *machetes*.

polvoriento les secaba el sudor del cuerpo. Bebieron unos tragos de mezcal, después bailaron y rezaron, bailaron el complicado diseño rítmico que les habían legado sus padres,[148] rezaron las oraciones aprendidas en la infancia, dos hombres fatigados y sucios, adornados con plumas y con espejos, bailaron y rezaron en la nocturna ambigüedad de aquel monte[149] *5* sin respuestas, bajo el baño de polen que chorreaban las nebulosas a medio abrir.[150] Después, el plazo había vencido y ellos ya no podían cumplir mejor los caprichos de aquel ser arbitrario que les hablaba en sueños. Se despidieron, volvieron a sus casas antes de que los cielos se agrietaran con el amanecer,[151] sintiendo ambos que los propósitos de la Providencia se *10* habían quedado a medio cumplir.[152] *(Empieza a retirarse. Casi al salir, se vuelve.)* ¿Y saben lo que pasó con el terreno que los dos hombres desmontaron y limpiaron para bailar? *(Calla. Ve a todos. Semisonríe con malicia.)* Esa ya es otra historia. *(Sale rápidamente.)*

Oscuridad. *15*

VOCEADOR *(Exhibiendo sus periódicos.)*   Lea lo que hicieron los jóvenes chacales.[153] Medio millón de pesos cuestan los rebeldes sin causa. Noticias, noticias . . . *(Sale.)*

Luz a la mamá de Toña: arregla un morral y
paquetes. Entra una de sus hijas (Paca) con un *20*
periódico.

PACA   Mira, aquí también salió Toña.

MADRE   A ver . . . Sale muy fea.

PACA   En el otro estaba mejor. ¿Qué le llevas?

MADRE   Una cobija, ropa y unos dulces de esos que le gustan. Es tan *25* lejos . . . A ver si hoy llego a tiempo. Si otra vez no me dejan entrar, mañana te vas tú al hospital en lugar mío,[154] ya les dije, y así yo veo a tu hermana.

PACA   Hay que tirar bacinicas.[155]

MADRE   Sí, y tu madre las tira todos los días. No veo por qué tú no. *30*

PACA   Yo quería ir contigo a ver a Toña.

---

[148] *bailaron el complicado diseño rítmico que les habían legado sus padres* they danced the complicated rhythmic pattern which their forefathers had willed them.   [149] *de aquel monte* of that wilderness.   [150] *bajo el baño de polen que chorreaban las nebulosas a medio abrir* under the shower of pollen from the blossoming goldenrod.   [152] *los cielos se agrietaran con el amanecer* The sky was cracked open by the dawn.   [152] *los propósitos de la Providencia se habían quedado a medio cumplir* the designs of Providence had only been half fulfilled.   [153] *los jóvenes chacales* the jackal kids.   [154] *mañana te vas tú al hospital en lugar mío* you'll have to take my place at the hospital tomorrow.   [155] *Hay que tirar bacinicas* You mean I've got to empty those bedpans.

MADRE Tú vas a cuidar aquí a tus hermanas, no vayan a andar también descarrilando trenes.

PACA ¡Pero qué puntada de Toña![156] *(Se ríe.)*

MADRE No te rías, que no es un chiste.

PACA Pues a quién se le ocurre, ¡Toña está re loca! 5

MADRE *(Casi se ríe.)* Ay, Toña, siempre haciendo diabluras.[157] *(Reflexiona.)* Yo creo que no la van a dejar salir pronto.

PACA ¿Se va a quedar presa?[158]

MADRE Eso no es *cárcel*. Es... como escuela de internos. *(Se seca los ojos.)* La falta de un padre, es lo que pasa. ¿Por qué se le ocurriría hacer 10 eso?

PACA El periódico dice unas cosas re feas[159] de ella.

MADRE Trae acá. *(Va a romperlo con furia.)*

PACA Espérate, déjame cortar el retrato. Polo salió chistoso, mira qué cara pone. 15

MADRE Ay, qué muchacha. La que más me ayudaba. Tan buena... Pobrecita.

PACA *(Cortando el retrato.)* Yo creo que va a salir. Pues para qué la encierran, ni modo que vaya a pagar el tren.[160]

MADRE ...Dirán que para... que no lo vuelva a hacer. 20

> *Recibe el diario, lo rompe ya sin convicción,*
> *melancólicamente, en varios pedazos.*

PACA Ay, si va a seguir descarrilando trenes.[161]

MADRE Es muy tarde, yo creo que hoy tampoco vamos a llegar. Ayer me decía un hombre que dejara las cosas con él: sí, orita. Son más ladrones los 25 que cuidan que los de adentro.[162]

PACA *(Se quita un prendedor.)* Llévale este prendedor. Siempre le gustó mucho y yo me enojaba con ella si se lo ponía. Dile que se lo regalo.

MADRE Bueno, hay que avisar a la escuela, que quién sabe cuándo va a volver. Yo creo que esta muchacha va a perder el año. 30

---

[156] *¡Pero qué puntada de Toña!* But what a wild thing for Toña to do! [157] *haciendo diabluras* getting into trouble. [158] *¿Se va a quedar presa?* You mean they're going to keep her a prisoner? [159] *re feas* awful. [160] *ni modo que vaya a pagar el tren* Fat chance she'll ever pay for the train. [161] *Ay, si va a seguir descarrilando trenes* Oh, well. if she's going to go on derailing trains. [162] *sí, orita. Son más ladrones los que cuidan que los de adentro* Big deal. The guards are bigger thieves than those they are watching.

Salen.
Cambio de luz. Polo en una silla, su madre en otra.
Sombra de rejas.

MADRE   *(Llorando.)*   Esta desgracia nos había de pasar. No basta con que
tu padre sea borracho y desobligado, tenías que andar tú de salteador,   5
hasta en el periódico saliste.[163] Ya les dije allá afuera: que no piensen que
les vamos a pagar ese tren, ¿pues con qué? La señora donde trabajo se
espantó mucho cuando vio tu retrato. Yo hasta pensé que iría a
correrme.[164] Tanto luchar para que estudies, y ya ves. Debí dejar que te
pegara tu padre cada vez que se le ocurría; tiene razón, es culpa mía por   10
haberte consentido tanto. Lo que yo digo, ¿pues por qué son tan brutos,
usté y la otra sonsacadora,[165] que se quedan ahí parados? ¿Eh? ¿Pues no
podían echarse a correr? ¡Ahí se quedan viendo, hasta que llega la policía
y los pesca![166]

POLO   *(Quedito.)*   No fue la policía.   15

MADRE   ¿Qué dices?

POLO   *(Quedo.)*   Que no fue la policía. Fue el maquinista del tren.

MADRE   ¿Y no podía usté correr? ¿Para qué tiene las patas?[167] *(Llora.)*
Ahora que iba a comprarte tus zapatos, esta quincena. Mi patrona conoce
un señor que es rete buen abogado, pero quién sabe cuánto cobre. Y el   20
periódico dice que ese tren valía medio millón de pesos. *(Se enfurece. Lo*
sacude.) ¡Pero si lo había yo de matar a golpes, por tarugo![168] ¿Quién lo
ve, tan mustio? Cabresto mocoso tan idiota ¿ya ve dónde vino a dar?[169]
(Se desploma llorando.) Y ahora van a tenerte aquí, quién sabe cuánto
tiempo, revuelto con una bola de criminales.[170] Tu papá tenía razón, te   25
he consentido mucho, te he tenido pegado a mí, te extraño todo el
tiempo, y hasta he pensado, Dios no lo quiera, que cómo no fue mejor a
alguno de tus hermanos al que se llevaron.[171] Así es una, siempre engreída
con lo peor.[172] Ay, Polo, cómo le vamos a hacer para que salgas. Cómo le
vamos a hacer.   30

---

[163] *tenías que andar tú de salteador, hasta en el periódico saliste* you had to behave like a
highwayman. It's all over the newspapers!   [164] *correrme* to fire me.   [165] *¿pues por qué*
son tan brutos, usté y la otra sonsacadora? Well, why were you so stupid — you and the other
ringleader?   [166] *los pesca* caught you.   [167] *¿Para qué tiene las patas?* What are your legs
for?   [168] *¡Pero si lo había yo de matar a golpes por tarugo!* But I should have beaten you to
death, you're so stupid!   [169] *¿Quién lo ve, tan mustio? Cabresto mocoso tan idiota ¿ya ve*
dónde vino a dar? Sitting there so . . . so . . . meek? Snot-nosed, idiotic louse that you are!
Now look what you've come to?   [170] *revuelto con una bola de criminales* thrown in with a
bunch of criminals.   [171] *hasta he pensado, Dios no lo quiera, que cómo no fue mejor a alguno*
de tus hermanos al que se llevaron I've even thought, God forgive me, why didn't God take
one of your other brothers instead of you.   [172] *Así es una, siempre engreída con lo peor* But
that's the way it is when you love someone . . . we always love the ones we shouldn't.

Oscuridad.

Entra el Voceador. Sus periódicos son ahora
hojas llenas de manchas, como las pruebas de
Rorschach.[173] *Las enseña, voceando:*

VOCEADOR   Noticias, noticias, lea sus noticias en la Prensa. Jóvenes   5
esquizoides producen grave trauma público[174] . . . Momento de obnubilación que cuesta medio millón de pesos . . . Noticias de hoy. Noticias de
hoy . . . *(Sale.)*

Entra el Primer Profesor, viste exageradamente
bien.   10

PROFESOR   Nuestro siglo ha venido poniendo un énfasis especial a los
problemas colectivos. Es natural, en cierto modo: vivimos masivamente. La
industrialización, el sindicalismo, los enormes problemas urbanos colocan
ante nuestros ojos grandes conglomerados humanos. Grandes conglo-
merados . . . *(Sonríe.)* de individuos. Aquí está el núcleo: en el Yo.[175] Un   15
Yo complejo, compuesto de muchas capas que se envuelven unas a
otras,[176] como . . . como las hojas de . . . una *rosa*. Somos intrincados,[177]
y la palabra «complejo» ha arraigado de tal manera en el lenguaje
cotidiano que ya la usa el paciente común, digo, el hombre común, como
si se tratara de algo simple. Desentrañar complejos es descubrir los   20
engranajes que mueven los hilos de la conducta cotidiana, que conducen a
los núcleos traumáticos.[178] Debemos llevar por ellos la inteligencia del
paciente, hasta qué él mismo descubra la secreta razón de sus impulsos.[179]
El inconsciente maneja el acto fallido como una especie de formulación
explícita, y la más neutra de las conversaciones manifiesta una carga de   25
contenido oculto que, interpretado correctamente, nos conduce al
diagnóstico en cuanto a aberraciones de la conducta.[180] Tomemos un

---

[173] *llenas de manchas, como las pruebas de Rorschach* covered with blots that resemble
Rorschach tests.   [174] *Jóvenes esquizoides producen grave trauma público* Schizoid children
induce a public trauma.   [175] *en el Yo* in the self.   [176] *Un Yo complejo, compuesto de*
muchas capas que se envuelven unas a otras A complex self composed of many layers wrapped
one within the other.   [177] *Somos intrincados* We are intricate beings.   [178] *Desentrañar*
complejos es descubrir los engranajes que mueven los hilos de la conducta cotidiana, que
conducen a los núcleos traumáticos To go into the question of complexes very deeply is to
discover the very gears which move (and control the strings and) the fibers of our everyday
behavior, gears which lead us to the very source of traumatic nuclei.   [179] *Debemos llevar por*
ellos la inteligencia del paciente, hasta que él mismo descubra la secreta razón de sus
impulsos And it is our duty to make the patient aware of them and thus guide him until he
discovers for himself the secret reasons which lie behind his impulses.   [180] *El incons-*
ciente . . . nos conduce al diagnóstico en cuanto a aberraciones de la conducta The
unconscious controls the frustration of our acts, very much like some sort of explicit
formulation, and our most neutral conversations manifest the weight of hidden content which
when interpreted correctly leads us to a diagnosis of all aberrational conduct.

hecho difícilmente explicable si lo consideramos acto consciente: dos adolescentes descarrilan un tren. Algunos antecedentes nos permitirán volver explícitos[181] los factores sumergidos del caso. Formulándolos, veremos cómo se vuelve lógico y coherente.[182]

Se hace a un lado.[183]   5

PROFESOR   Polo está en la cabina de teléfonos tratando de sacar la moneda. Toña «echa agua». Observen ese puente verbal[184] «echar agua».

Vemos a Polo y a Toña como él ha dicho.

PROFESOR   Los teléfonos son símbolos de comunicaciones *sexuales*.

TOÑA   Cuando yo era muy chica, observé que unos perros estaban   10 haciendo cosas... Ya sabes, cosas. Hasta que llegó mi mamá y les echó una cubeta de agua, para separarlos. Yo echo aguas para que se interrumpa la comunicación. Apúrate a sacar la moneda, que viene un hombre a usar el aparato.

Polo va junto a Toña. Viene el hombre.   15

TOÑA   (*Feroz.*)   No sirve. No puede usted usar el aparato.

El hombre se va, frustrado. Polo saca la moneda.

POLO   Mi padre toma y siempre quiere pegarme. No lo quiero. Ya saqué la moneda y me alegro que se interrumpa la comunicación. Con esto, voy a comprar plátanos y te voy a dar.   20

TOÑA   Con esto quiero alegrías. Mi padre siempre me dio alegrías.

Actúan velozmente la escena de los volados.[185]

PROFESOR   Ahora buscan perder con rapidez el dinero obtenido. Esto pone de manifiesto[186] lo simbólico del acto y el deseo de autocastigo.

Viene Maximino y Toña se cuelga de su brazo.   25

TOÑA   Tú eres mi figura paterna.[187] Quiero pasear contigo en tu motocicleta.

PROFESOR   Las motocicletas son símbolos *sexuales*.

POLO   Yo también quiero pasear contigo en tu motocicleta.

---

[181] *volver explícitos* to explain concretely.   [182] *Formulándolos, veremos cómo se vuelve lógico y coherente* Now, as we formulate them, we will see how the whole matter becomes logical and coherent.   [183] *So hace a un lado* He moves to one side.   [184] *Observen ese puente verbal* [Now I want you to] observe the symbolic content of the phrase.   [185] *Actúan velozmente la escena de los volados* They act out the coin-flipping scene at breakneck speed.   [186] *pone de manifiesto* reveals.   [187] *figura paterna* father image.

PROFESOR   La sexualidad anormal es normal en todos los seres humanos. El incesto, el fetichismo, la homosexualidad, están normalmente latentes en *todos* nosotros. Son simples etapas que superamos si no hay elementos traumáticos que nos impulsen a la regresión.[188]

MAXIMINO   Mi moto está fregada.   *5*

POLO   ¿Qué le pasó?

MAXIMINO   Se le pegó el motor y el pistón se dobló.[189]

Toña se ríe.

PROFESOR   Observen esa risa.

POLO   *(Con pasión.)*   Ella no sabe nada de motos y yo sí. Hazme caso a mí,   *10* a mí, hazme caso.

TOÑA   *(A Maximino.)*   Lo que pasa, que tu motocicleta está muy usada. Ahora, busco pretexto para palparte el cuerpo.

POLO   No lo tientes.

Ella sacó la cartera.   *15*

TOÑA   Qué guapo saliste en este retrato. Regálamelo. Escríbele algo. Lo guardaré.

PROFESOR   Fetichismo.

Maximino escribe.

POLO   *(Rencoroso.)*   La prefieres a ella y escribes amiguita con hache. Yo   *20* quiero esa foto pero no me atrevo a pedirla. Destruiría yo a los dos, a ella y a ti.

TOÑA   Odio a tu novia. La odio. La mataría. Le sacaría los ojos. Es bizca. Es horrorosa.

La escupe.   *25*

PROFESOR   Vemos nacer el primer impulso destructor. Observen la asociación: novia-máquina descompuesta.[190]

Sale Maximino.

---

[188] *Son simples etapas que superamos si no hay elementos traumáticos que nos impulsen a la regresión* They are simple stages which we outgrow unless we encounter traumatic elements that produce a regression.   [189] *Se le pegó el motor y el pistón se dobló* The motor's wrecked and the piston's all bent.   [190] *Vemos nacer el primer impulso destructor Observen la asociación: novia-máquina descompuesta* So we witness the birth of the first destructive impulse. Note the association of sweetheart and worn-out motorcycle.

PROFESOR   Aquí está el basurero junto a la vía. No es ocioso aclarar que, por naturaleza, dentro de cada uno de nosotros existe un basurero.[191]

> *El basurero; ahora, en las plantas y en los objetos,*
> *hay sugerencias sexuales[192] más o menos discretas.*
> *Toña y Polo bailan, sin cantar.*   5

PROFESOR   Observen la mecánica del baile. Hay una mutua descarga de libido.[193] Polo alterna la actitud viril con la pasiva. Toña es, alternamente, madre y amante.

> *Cesa el baile. Polo levanta la pieza de motor, que*
> *ahora tiene una forma algo sospechosa.*   10

POLO   ¡Una pieza de motor! Se la voy a llevar a Maximino.

TOÑA   ¡Sangre! Mira, he sido desflorada.

POLO   Fui a ver una película donde un superyó combate sádicamente y triunfa.

TOÑA   Yo fui a ver el domingo una realización simbólica de incesto   15
masoquista. Después soñé cosas gratificantes y la censura me despertó
gritando de culpa.[194] Por supuesto, olvidé todo.

POLO   *(Haciendo equilibrios.)*   Los alambristas son como un sueño de vuelo
realizado.[195]

PROFESOR   Los sueños de vuelo son realizaciones *sexuales*.   20

TOÑA   Yo me identifiqué con una caballista, de pie sobre un gran caballo al
galope.[196] Mi padre me llevó al circo.

PROFESOR   Los caballos son símbolos *sexuales*.

TOÑA   *(Exaltada.)*   ¡Osos en bicicleta, caballos al galope! ¡Circo! ¡Lleno
de fieras *masculinas*! Flores de virginidad acosadas por avispas con largos   25
aguijones que pican y sacan... ¡sangre![197] Y allí hay una lata redonda y
hueca como mi vientre, para sembrar flores.[198]

> *Polo va a levantarla. No puede.*

POLO   Este vientre materno es fascinante y aterrador.

---

[191] *No es ocioso aclarar que, por naturaleza, dentro de cada uno de nosotros existe un basurero* I don't believe that it is necessary to point out that by nature there exists within each and everyone of us a veritable garbage dump.   [192] *sugerencias sexuales* sexual configurations.   [193] *Hay una mutua descarga de libido* Notice the mutual release and discharge of the libido.   [194] *Después soñé cosas gratificantes y la censura me despertó gritando de culpa* Later on I dreamed about all manner of pleasures, but my self censorship woke me up, screaming with guilt.   [195] *Los alambristas son como un sueño de vuelo realizado* Tight-rope walkers are like a dream of flight come true.   [196] *al galope* at a gallop.   [197] *Flores de virginidad acosadas por avispas con largos aguijones que pican y sacan... ¡sangre!* Virginal flowers pursued by large wasps with huge stingers that sting and draw blood.   [198] *para sembrar flores* [a tin] in which we can plant flowers.

TOÑA   ¡Me da miedo! ¡Me da miedo!

POLO   Hay que rodarlo al otro lado de la vía.

PROFESOR   La vía: comunicación, símbolo idéntico al teléfono. Aquí van
a realizarse los contrarios, como en los sueños: impulso para lograr *cruzar
la vía,* ¿ven el símbolo? y al mismo tiempo *obstruirla.*[199]   5

Polo y Toña ruedan la lata gritando:

POLO   ¡Incesto! ¡Libido! ¡Maximino!

TOÑA   ¡Desfloración! ¡Maximino! ¡Padre!

LOS DOS   ¡Tanatofilia! ¡Crimen!

Se escucha el tren que se acerca.   10

PROFESOR   Psicología: cuanto parece inexplicable en la conducta del
hombre . . . puede ser explicado.

El estruendo del descarrilamiento.

Oscuridad.

Relámpagos.   15

Oscuridad.

Luz al Voceador: trae diarios rojos y negros.[200]

VOCEADOR   ¡Noticias! ¡Noticias! ¡Atentado a las vías de comunicación!
¡Descarrilamiento que viene a denunciar la falta de garantías a los
trabajadores! ¡Lea la Prensa de hoy, la Prensa de hoy! *(Sale.)*   20

*Entra un segundo Profesor. Viste con cierto
descuido, algo fuera de moda.*

PROFESOR   Las manifestaciones de lo individual no pueden ser juzgadas
sino en función de la colectividad.[201] El individuo aislado *no existe.*
Somos seres sociales. Robinson Crusoe vive solamente en función de una   25
sociedad de la cual ha sido casualmente segregado. Hemos sido testigos del

---

[199] *La vía: comunicación, símbolo idéntico al teléfono. Aquí van a realizarse los contrarios,
como en los sueños: impulso para lograr cruzar la vía, ¿ven el símbolo? y al mismo tiempo
obstruirla* Tracks, communication . . . an identical symbol with that of the telephone. Now we
are going to witness the reconciliation of all contradiction . . . as in dreams. The impulse that
forces us *to cross the tracks of life.* Got the symbol? And at the same time the impulse that
forces us *to obstruct the path.*   [200] *trae diarios rojos y negros* he is peddling newspapers that
are printed in red on black.   [201] *Las manifestaciones de lo individual no pueden ser juzgadas
sino en función de la colectividad* The actions of the individual cannot be judged except in so
far as he functions as a member of society.

hecho comentado por la prensa: una clara expresión de la lucha de clases. Protagonistas: dos niños proletarios.

Principia la escena del teléfono.

TOÑA   Apúrate, creo que viene un burgués.

Llega el hombre.   5

TOÑA   No sirve ese teléfono. Como la empresa es un monopolio,[202] dan muy mal servicio.

El hombre se indigna, maldice el aparato y se va.
Los niños se burlan de él.

PROFESOR   Observen funcionar el ingenio, una de las armas típicas del   10
Pueblo. Ahora, ante esa máquina que no está puesta a su servicio, la niña tiene un primer gesto de rebeldía.[203]

Toña golpea el teléfono, lo sacude.

TOÑA   ¿Qué compramos?

POLO   Plátanos, que son un alimento completo.   15

TOÑA   Alegrías, que contienen más calorías.

POLO   Tuvimos un desayuno muy deficiente.

TOÑA   Es típico de la sociedad capitalista en que vivimos.

PROFESOR   Al falta de un adecuado poder adquisitivo en las monedas, hace que se busque la compensación en el azar.[204] Rasgo típico en los   20
países subdesarrollados: la afición popular al juego.

Vemos en pantomima la escena de los volados y la
compra de jícama. Los niños comen vorazmente.

TOÑA   ¿No vas a la escuela?

POLO   No puedo ir.   25

TOÑA   ¿Por qué?

POLO   Por las exageradas peticiones[205] económicas de un mal sistema educativo. Gasto en transportes, exigencias de la maestra, ¿pues cómo?

---

[202] *Como la empresa es un monopolio* Since the telephone company has a monopoly.
[203] *Ahora, ante esa máquina que no está puesta a su servicio, la niña tiene un primer gesto de rebeldía* Here, in the presence of that machine which is not at her disposal (and economic reach) the girl expresses her first gesture of rebellion. [204] *La falta de un adecuado poder adquisitivo en las monedas, hace que se busque la compensación en el azar* Now, notice how devalued currency and diminished purchasing power give rise to a compensatory interest in gambling. [205] *peticiones* demands.

TOÑA   ¡Los locales son insuficientes! Se han de portar así para ahuyentarnos.[206]

PROFESOR   Van a encontrarse ahora con un compendio vivo de sus aspiraciones juveniles: un joven obrero.[207]

> *Entra Maximino, muy limpio y planchado,*   5
> *radiante.*

PROFESOR   Un auténtico representante de su clase: explotado, solidario, abnegado, incorruptible, fraternal, vigoroso, alerta. Con el ejemplo, él va inculcándoles ideas y principios.[208]

MAXIMINO   ¿Y adónde piensan ir toda la mañana?   10

POLO   Pues . . . a ver. Vámonos por la vía, tú.

TOÑA   Puros basureros hay allí.

POLO   Luego encuentra uno cosas.[209] ¡Y se ve pasar el tren!

PROFESOR   En el rostro de Maximino ellos leen cómo el sindicalismo corrupto, que ha entregado a los trabajadores al poder del capitalismo, ha   15
hecho que los trenes en que se hizo nuestra Revolución corran cargando las mercancías de los monopolios.[210]

> *Muda expresión entre*
> *los tres. Ella ve la cartera de Maximino.*

PROFESOR   Ahora la niña solicita una foto: ella no va a tener entronizados   20
a los ídolos falsos de las industrias cinematográficas que sirven al Imperialismo: ella va a guardar la imagen de un camarada.

TOÑA   ¿Quién es ésta?

MAXIMINO   Mi chamacona.

TOÑA   *(La observa. Advierte con cautela.)* Está bizca. Tiene un ojo al   25
norte y otro al sur.

MAXIMINO   ¿Qué quieres decir con eso?

---

[206] *¡Los locales son insuficientes! Se han de portar así para ahuyentarnos* There are not enough local schools! The teachers behave that way just to scare us off.   [207] *un compendio vivo de sus aspiraciones juveniles: un joven obrero* a living compendium of her youthful aspirations: a young worker.   [208] *Con el ejemplo, él va inculcándoles ideas y principios* By his example, he is inculcating within these children (the highest) ideals and principles.   [209] *Luego encuentra uno cosas* Then too, one finds useful things sometimes.   [210] *ha hecho que los trenes . . . de los monopolios* it has made it possible for the trains in which our (very own) Revolution was carried forward to run transporting the goods of the monopolies.

TOÑA   Que es pequeño-burguesa y sus ideas son estrábicas.[211] Ten cuidado.

Maximino sale, muy preocupado.

PROFESOR   Podemos ver ahora una expresión de los bailes con que el capitalismo corrompe el verdadero espíritu del pueblo.   5

Toña y Polo bailan ridículamente. El basurero es retocado:[212] en vez de símbolos sexuales se advierten ahora las marcas de muchos productos yanquis, de chicles, refrescos, etc.

PROFESOR   La auténtica expresión de la alegría vital de estos niños sería   10
otra.

Toña y Polo bailan un jarabe.

PROFESOR   Adviertan que el basurero es una imagen elocuente de lo que hace una producción sin planeamiento,[213] y de las falsas necesidades que crea. Vean ahora la relación fraternal de los niños con el proletariado   15
oprimido.

PEPENADOR   *(Muy enfermo.)*   Ayúdeme a curarme, ando muy mal.[214]

TOÑA   Ayúdalo. Ellos no tienen seguridad social.

POLO   Nosotros tampoco: es para unos cuantos privilegiados.

*Se despiden fraternalmente del Pepenador. Luego,   20
ven la lata y casi se sobresaltan: se consultan con la
mirada,[215] vuelven a ver la lata.*

PROFESOR   Atestiguamos el nacimiento de una confusa conciencia social. Las contradicciones extremas producen resultados extremos.

TOÑA   Deja esa lata. Me da miedo.   25

POLO   El terror es el principio de las revoluciones.

TOÑA   Se talan los árboles en beneficio del bosque.[216]

POLO   ¿Y quién va a culpar al leñador que despeja el campo para la siembra?[217]

---

[211] *Que es pequeño-burguesa y sus ideas son estrábicas* It's just that she is petty-bourgeois and her ideas can't help but be cross-eyed.   [212] *El basurero es retocado* The dump is improved, touched up, fixed up.   [213] *una imagen elocuente de lo que hace... sin planeamiento* an eloquent symbol of what it means to have undisciplined industry.   [214] *ando muy mal* I'm very sick.   [215] *se consultan con la mirada* they consult each other with a glance.   [216] *Se talan los árboles en beneficio del bosque* One must fell a certain number of trees in order to preserve the forest.   [217] *que despeja el campo para la siembra* for leveling the forest in order to sow the ground with seed.

> *Se escucha un himno:*
> *Los muchachos empujan el bote con gesto heroico.*
> *Se escucha el tren. Descarrilamiento. Oscuridad.*
> *Relámpagos, que ahora son más largos y nos permiten*
> *ver cómo los niños permanecen unidos en actitud* 5
> *estatuaria, mientras los Pepenadores y los otros*
> *personajes del barrio saquean el tren, como en un*
> *desfile triunfal. Entra Maximino y completa el grupo*
> *escultórico.*

PROFESOR   El hombre es Economía. La Vida entera descansa en la 10
infraestructura económica. No hay aquí ningún acto inexplicable, sino
típico de su Clase, hasta en la falta de verdadera dirección intelectual.

> *Oscuridad.*

> *Luz a Maximino y Toña, sentados. Sombra de*
> *rejas.* 15

MAXIMINO   Pero qué brutos son. Cómo se les va a ocurrir, voltear un tren.

TOÑO   *(Muy apurada.)*   Pues nada más queríamos ver qué pasaba.

MAXIMINO   Ya vieron. ¿No se les ocurrió que alguien pudo matarse?

TOÑA   Pues luego, sí, por eso ni corrimos. Nos dio tanto susto que ahí nos
quedamos tiesos.[218] Ay, se vio re feo.[219] 20

MAXIMINO   Pues claro. La máquina medio se cayó, tres carros se voltearon
y se rompieron. Y luego vinieron una bola de tipos de ese rumbo[220] y se
robaron las mercancías. ¿Sabes cuánto costó el chiste?[221] Medio millón
de pesos.

TOÑA   ¡Tanto! *(Se queda pensando.)* ¿Cómo cuánto será eso? 25

MAXIMINO   Pero qué brutos son. Yo quería ver si pagando una multa
salían fuera, pero qué va.[222] Este fue un chiste muy caro.

> *Un silencio.*

TOÑA   *(Truculenta.)*   Hay unas niñas conmigo que le echaron una olla de
agua hirviendo a un señor, cuando les fue a cobrar la renta. Que dizque no 30
fue adrede,[223] ¿tú crees? Y hay una chamaca que vendía mariguana. Y
luego hay otra que cobraba dinero por enseñar encueradas a unas niñas, ¡y

---

[218] *Nos dio tanto susto que ahí nos quedamos tiesos* We were so scared we couldn't
move.   [219] *Ay, se vio re feo* And it was a mess!   [220] *una bola de tipos de ese rumbo* a
bunch of guys from that neighborhood.   [221] *el chiste* that little game of yours.   [222] *Yo
quería ver si pagando una multa salían fuera, pero qué va* I tried to see if I could get you out
by paying your fine, but fat chance.   [223] *Que dizque[dicen que]no fue adrede* They claimed
they didn't do it on purpose.

les cayeron las mamás de las niñas! Pero ella dice que a las niñas sí les gustaba mucho encuerarse, ¿tú crees? Y luego hay otra . . .

MAXIMINO *(Desesperado.)* Tú no te juntes con ellas, no les hables. A nadie.

TOÑA   Son buenas gentes. Son más cuatas que mis amigas de la escuela. Les dio rete harta risa[224] que yo haya volteado un tren.   5

MAXIMINO   ¿Ya ves? No les hables. Bola de escuinclas[225] sinvergüenzas y puercas, criminales.

TOÑA   *(Triste.)* Eso dice el periódico de mí.

MAXIMINO   *(Abraza a Toña.)* De todos modos, no vayas a juntarte con ellas.   10

Un silencio.

TOÑA   En la noche me da miedo. Despierto y se me olvida dónde estoy, y mi colchón huele harto a pipí, porque allí dormía una niña que se orinaba. Y todavía no dicen cuándo voy a salir. Las muchachas creen . . . que aquí voy a quedarme por años. Fíjate.   15

MAXIMINO   Te vamos a sacar, vas a ver. No se ponga así. *(Busca cómo animarla.)* Además, si ya es usté popular, y sale en el periódico retratada y todo. Con suerte y te contratan para el cine.

TOÑA   Ay, sí, tú, cómo crees. Salí re fea, ni me parezco.

MAXIMINO   Saliste bien. Mira. *(Saca la cartera.)* Aquí guardé tu foto,   20 ¿ves?

TOÑA   ¡Ahí la traes! Mira, esta foto chiquita yo no la había visto. Si la ve aquí en tu cartera, se va a enojar Ojitos Chuecos. A ver su foto, deja verla. Mira, mírala bien. ¿Verdá que está bizca?

MAXIMIÑO   Cómo serás.[226] No es cierto.   25

TOÑA   No es cierto?

MAXIMINO   Se te ha de figurar . . . por la postura,[227] ¿ves? Como está viendo de lado . . .

TOÑA   *(Mimada.)* Ya no traigas ese retrato. Deja nada más el mío, ¿eh? *(Pausa. Se ven: Toña habla en serio.)* ¿Vas a dejar nada más el mío?   30

MAXIMINO   Bueno. Ya nada más voy a traer el tuyo.

TOÑA   ¿Palabra?

MAXIMINO   Palabra.

---

[224] *Les dio rete harta risa* They nearly died laughing.   [225] *escuinclas* brats.   [226] *Cómo serás* What makes you think so.   [227] *Se te ha de figurar . . . por la postura* You might think so by the way she's standing.

TOÑA   *(Lo abraza de pronto, llorosa.)*   Y ven a verme mucho, cada vez que se pueda. Ven a verme mucho, mucho, mucho, mucho, mucho, mucho . . .

> *El la abraza, acongojado.*
> *El basurero de noche. Están los Pepenadores con*
> *un amigo y una amiga. Fogata. Esta escena deberá ser*   5
> *maliciosa, tierna. Nunca sucia ni orgiástica.*

PEPENADOR   Pues muy humilde y muy fregada, pero en mi casa no hace frío. Yo mismo la hice con unas tablas muy buenas que me encontré, y con cartones en las rendijas; le puse su buen techo de lámina, que mi trabajo me costó quitarle a un gallinero de por ahí.[228]   A ver cuándo viene   10 usté a visitarme.

PEPENADORA   Pues ahí usté dirá.

PEPENADOR   Por el gusto de que nos acompaña, le voy a dedicar esta canción: *(Canta y se acompaña con guitarra.)*
Eres rosa de Castilla
que con el rocío se inclina . . .   15
lástima que ya estás seca,
sólo quedan las espinas.
Tienes ojos de lucero
cuando el cielo está nublado,
tienes cuerpo como Venus,   20
como el gordo Venustiano.

PEPENADORA   ¡Cómo será usté grosero, ya verá! [229]

PEPENADOR   *(Se ríe.)*   Páseme la botella. *(Bebe.)*

EL AMIGO   Y a poco también el tequilita lo sacaron del tren.[230]

PEPENADOR   Como quien dice. Vendimos un costalito de garbanzos . . .   25

PEPENADORA   Los tamales los cambalaché yo, por unos kilos de azúcar.

LA AMIGA   *(Intima.)*   Aquí el señor es gente seria, yo lo conozco. Y viera que es rete listo para ganar centavos.

PEPENADORA   Para eso, yo también me doy mis mañas.[231]

EL AMIGO   Muy bien dicen por ahí, que más vale mal acompañado y no   30 solo.[232]

---

[228] *le puse su buen techo de lamina, que mi trabajo me costó quitarle a un gallinero de por ahí* I made its good roof out of some sheet metal I stole from a chicken coop over there.   [229] *¡Cómo será usté grosero, ya verá!* If you're going to insult me . . . watch out!   [230] *Y a poco también el tequilita lo sacaron del tren* The next thing you'll be telling me is that you got the *tequila* from the train too.   [231] *Para eso, yo también me doy mis mañas* I'm pretty clever at that myself.   [232] *más vale mal acompañado y no solo* it's better to have bad company than no company at all.

PEPENADORA   Ah que ustedes, quién sabe por qué dirán esas cosas.

PEPENADOR   *(Canta:)*   Tu boquita me provoca
pa que la cierres un rato,
tienes unos dientes lindos,
lástima que falten tantos.   *5*
Tu garganta es como un río,
la conozco por sus cantos . . .
tu garganta es como un río
de esos que parecen caños.[233]
(Gritos y aplausos.)   *10*

PEPENADORA   ¿Cómo será usté? [234] No me gustó la canción.

PEPENADOR   ¿A lo macho no le gustó? ¿Ni tantito?

PEPENADORA   ¿Cómo me va a gustar que me cante esas cosas . . . ?
Cómo será . . .

PEPENADOR   Acérquese, que hace harto frío.   *15*

PEPENADORA   No, aquí estoy muy bien.

PEPENADOR   Usté acérquese y verá . . . Acérquese . . .

PEPENADORA   No sé para qué tanto insiste en que me acerque. *(Se acerca.)* Luego me canta puras groserías.

PEPENADOR   *(La abraza.)*   Al rato le canto más bonito. Ya verá. Ya verá.   *20*
EL AMIGO   Pero pásennos la botella. Mi comadrita y yo también tenemos
corazón, ¿verdá, comadre? *(La abraza.)*

Oscuridad.

Maximino habla por teléfono en el taller.

MAXIMINO   ¿Qué pasó? —Pues no, no pude ir. —No, no había teléfono   *25*
para avisarte. —Bueno, piensa lo que quieras. —Yo no dije que me había
quedado aquí. —Sí, trabajo, pero en otro lado. —¿Cómo que cuál? Si
quieres te doy la dirección, y así vas a averiguar. —Mira, ya voy a
cortarle,[235] porque aquí el patrón se enoja si hablo mucho rato. —Pues ya
no me hables si quieres, ése ya es asunto tuyo. —Pues sí, pero si dices que   *30*
ya no quieres hablarme, ése ya es asunto tuyo.— *(Hace un gesto.)* Llámame
pues, como dentro de . . . ¿Quihubo? Bueno, bueno. *(Aprieta el gancho
dos veces. Cuelga, furioso.)* Fregada bizca, imbécil.

Aparecen tres enormes fotografías en color: son

---

[233] *de esos que parecen caños* like those that resemble pipes (*caños* also means gutter or sewer, hence a play on words is possible).   [234] *¿Cómo será usté?* What makes you that way?   [235] *Ya voy a cortarle* I'm going to hang up now.

> *una rosa roja, un pétalo y el tejido del pétalo*[236] *visto*
> *al microscopio.*
> *Entra un locutor muy animado.*

LOCUTOR Señoras y señores, muy buenas noches. Aquí me tienen con
ustedes para hacerles algunas preguntas. Para empezar: ¿quién de las damas   *5*
o caballeros puede decirme: esto, qué es? *(Con una batuta señala la rosa.)*
¿Estamos ante la imagen de la flor de un arbusto dicotiledóneo de la
familia de las rosáceas? ¿O se trata, por lo contrario, de una rosa divina
que, en gentil cultura, amago es de la humana arquitectura?[237] A ver,
señorita, a ver . . . O usted, señor . . . Es una cosa u otra, las dos no. ¿Nadie   *10*
se anima a contestar? *(Pausita un poco decepcionada. Duplica su
animación.)* Pues vamos adelante. Se trata ahora de condenar definitivamente, para que se supriman con absoluto rigor, las imágenes que sean
denunciadas como falsas. Véanlas bien, son tres: una sola es la auténtica.
Las otras dos: que se las borre de los libros. Que nadie las conozca. Que se   *15*
persiga a quienes las divulguen.[238] Que se vigile, o se aísle o se suprima a
quienes crean en ellas.[239] Mucha atención: esto se supone que es una rosa:
¿lo es? Esto se supone que es un pétalo: ¿lo es? Esto se supone que es el
tejido del pétalo visto al microscopio ¿lo es?

Primera hipótesis: sin el pétalo no hay rosas. Contemplen ésta; quítenle   *20*
los pétalos, ¿qué queda? ¡No hay rosas! ¡Jamás han existido! No hay
más que pétalos.

Segunda hipótesis: El pétalo solo no es nada, ¿cuándo se le ha visto
crecer así? ¿Qué tallo lo produce? ¿Quién advierte si faltan dos, o tres, en
una rosa? ¡No hay pétalos! Unicamente hay rosas.   *25*

Tercera hipótesis: No hay pétalos ni rosas. Hay solamente una reunión
de células, un tejido. Suprímanlo y no hay nada. Y ese tejido es materia
prima a secas,[240] materia viva. Y esa materia no es materia, es energía.
¡No hay materia, no hay pétalos, no hay rosa, no hay perfume, no hay
nada! Hay tan sólo un conjunto de ficciones milagrosas, y una se llama   *30*
rosa y otras se llaman de otros modos, un milagro tras otro, por todas
partes, sin posibilidad alguna de explicación racional. *(Señala las tres
imágenes.)* Si aceptan una de estas imágenes como ciertas serán falsas todas
las otras, porque nadie pretenderá que hay varias contestaciones a una sola
pregunta. Cualquier intelectual podrá decirles que una respuesta excluye a   *35*

---

[236] *el tejido del pétalo* the cell tissue of the rose petal. [237] *¿O se
trata, . . . arquitectura?* Or, on the other hand, it may be one of those divine roses which,
among cultured and refined people, is taken as the portent of our human architecture? [238] *Que se persiga a quienes las divulguen* And any persons who divulge them should
be pursued by law. [239] *Que se vigile, o se aísle o se suprima a quienes crean en ellas* All
those who believe in these false images should be kept under constant surveillance, isolated or
suppressed. [240] *materia prima a secas* just raw material.

todas las demás. Así son las cosas y estamos entre intelectuales, ¿no es cierto? ¿Cuál es la imagen verdadera? ¿Esta? ¿O ésta? ¿O ésta?

Las personas que respondan atinadamente se harán acreedoras a un premio magnífico que podrán pasar a recoger después de la función en nuestras oficinas. Tienen ustedes diez segundos para contestar, atención: 5
diez . . . nueve . . . ocho . . . siete . . .

Oscuridad.

Entra el Voceador con sus periódicos; ahora
algunos están impresos en pergamino o en ámatl,[241]
o en papel muy antiguo, y no sólo se les ven letras 10
sino signos de diversas magias.[242]

VOCEADOR   ¡Noticias, noticias! ¡Todas son ciertas, entérese de todas! ¡Escoja las que le sean convenientes! ¡Todas dan igual! ¡Todas son las mismas! ¡Noticias! ¡Noticias! *(Sale.)*

Viene la Intermediaria, desde el fondo. Viste de 15
blanco, con algún toque de color vivo. Sus telas no
pesan gran cosa, vuelan con el aire.

INTERMEDIARIA   Ahora sería el momento para gritar noticias como la primavera, o los eclipses, o para desplegar cualquier tema de álgebra[243] y encontrarlo cuajado de[244] espirales y pétalos . . . Pero hay que decir 20
menos, hay que ceñirse al tema.[245] Voy a explicarles cómo fue el accidente

Entran Toña y Polo haciendo equilibrios.

INTERMEDIARIA   Ellos se estaban convirtiendo en todo cuanto los rodeaba: eran el basurero, las flores, y eran nubes, asombro, gozo, y 25
entendían y veían, eso era todo.[246]

Con la luz de una linterna de mano, la
Intermediaria señala flores:

VOCES FEMENINAS —Tengo energías.
—Soy propicia.[247] 30
—Soy bella.
—Soy producto del esfuerzo del Universo entero.
—Me aman las moscas.
—Recibo a las avispas, y a las abejas.

---

[241] *en ámatl* on paper made from the *amate* or fig tree. [242] *signos de diversas magias* kinds of magic. [243] *cualquier tema de álgebra* any algebraic proposition. [244] *cuajado de* decorated with. [245] *hay que ceñirse al tema* I must stick to my theme. [246] *Ellos se estaban convirtiendo en todo . . . eso era todo* They were being transformed into all the things that surrounded them: they became the dump, flowers, clouds, amazement, joy . . . and they understood and they saw. That was all. [247] *Soy propicia* I have promise.

Los muchachos bailan. El basurero se ilumina por
dentro,[248] *brilla todo como joyas.*

INTERMEDIARIA   Con estos gestos convocábamos a la lluvia. Este ritmo
atraía la fertilidad. Invocábamos así al viento y al mar . . .

Cesa el baile, Polo levanta el objeto de metal.   5

POLO   Salió de alguna mina. Por darle forma se acumularon los esfuerzos
de grandes pueblos en la Historia.[249] Fue parte de una máquina. Descansa
aquí pero esconde energías, cambios, sorpresas.

TOÑA   Un olor en el aire trae noticias violentas:[250] combustiones y
cambios. No hay muerte. Cruzan moscas y avispas que saben el secreto del   10
vuelo.

INTERMEDIARIA   Están viendo señales: como quien deletrea un
alfabeto.[251] Flechas que indican rumbos, marcas de encrucijadas,
signos . . .

TOÑA   Yo soy alegre y amo mi cuerpo. ¡Es alegre vivir, es alegre vivir! Y   15
mi madre trabaja junto a enfermos y moribundos y yo estoy sana.
¡Gracias!.

POLO   Yo soy el hijo de mis padres y seré su repetición.[252] Mi padre y su
salario y sus vicios son un destino. El amor de mi madre es un destino.

TOÑA   Buscar la alegría de mi cuerpo no va a ser fácil . . .   20

POLO   Se puede predecir nuestra vida . . .

TOÑA   Muy fácilmente.

INTERMEDIARIA   *(Sonríe.)*   No sabemos ni el gesto que nuestras manos
harán dentro de un rato.

Cae un haz de luz[253] *al bote de cemento.*   25

VOCES   —Atrás de cada paso hay una esquina.[254]
—Cada paso es un rumbo.[255]
—Entre un momento de elección y el siguiente cruzan muchos caminos.
—Por eso siempre nos encontramos donde no pensamos llegar, y no
sabemos cómo.   30

---

[248] *se ilumina por dentro* glows from within.   [249] *Por darle forma se acumularon los esfuerzos de grandes pueblos en la Historia* In order to give it shape it required the efforts of the great people of this world.   [250] *Un olor en el aire trae noticias violentas* There's a spell in the air of violent news.   [251] *como quien deletrea un alfabeto* like children learning the alphabet.   [252] *seré su repetición* I will relive their lives.   [253] *un haz de luz* a shaft of light.   [254] *Atrás de cada paso hay una esquina* Each step turns a corner.   [255] *Cada paso es un rumbo* Each step is a journey.

—Y tampoco sabemos los frutos de cada acto.[256]
—Hay plantas que dan flor antes que otras.
—Hay árboles que crecen muy despacio.

TOÑA   ¡Mira! Esa lata está buena para maceta. Para una planta bien
grande.   5

> *Van a empujar la lata. Dudan. Se deciden.*
> *Mientras:*

VOCES   *(Solas y a coro.)*   La elección es una sola cara de la moneda que
está siempre en el aire.[257]
—La libertad es un gesto loco.   10
—La elección es un gesto loco.
—La libertad toma la forma del gesto con que la escogemos.

> *Ellos empiezan a empujar la lata hacia la vía.*

VOCES   —Y también hay la gracia.[258]
—El circo gratis.   15
—Las colas de papel que un gran bromista les prendió a los cometas.
—El día y la noche.
—Las olas.
—Los rayos.
—El día de fiesta.   20
—El canguro y el armadillo.
—El arco iris y el eco.
—La vida diaria.
— ¡Gracias!

> *Ellos han llevado el tanque al sitio donde pasará el*   25
> *tren. Empiezan a oírse risas alegres en derredor. Se*
> *oye el estrépito del descarrilamiento, luego se trans-*
> *forma en música. Un gran grito de alegría. Luces de*
> *colores y resplandores movibles por todas partes.[259]*
> *Entran todos los personajes corriendo: Maximino, los*   30
> *Pepenadores, la Gente de la calle, Vendedores,*
> *Profesores, Locutor, Parientes, Los dos que soñaron;*
> *todos, se abrazan, se besan, bailan, muy*
> *caóticamente.*

INTERMEDIARA *(A gritos.)*   ¿Saben cómo muy pronto sucedió un   35

---

[256] *Y tampoco sabemos los frutos de cada acto* Nor can we tell what fruits our acts will bear.   [257] *La elección es una sola cara de la moneda que está siempre en el aire* Choice is only one side of the coin that's forever flipped in the air.   [258] *Y también hay la gracia* And there's charm too.   [259] *Luces de colores y resplandores movibles por todas partes* Colored lights dance about everywhere.

cambio sorprendente? ¿Y saben cómo Polo llegó a instalar un taller? ¿Y cómo fue el matrimonio de Toña?

> *La gente empieza a bailar en orden, ya hay cierta simetría en los movimientos.*

INTERMEDIARIA   Esa ... ya es otra historia.²⁶⁰   5

> *El diseño del baile se hace ya claro, evidente.*

INTERMEDIARIA   *(Pregunta como maestra.)*   ¿Y el fulgor de esa estrella extinguida, desde hace tantos años de luz? ²⁶¹

TOÑA   *(Recita la lección, abrazando a Maximino.)*   Seguía llegando al telescopio, pero quería decir tan sólo la vida humilde de un cazador peludo   10
que un amigo pintor retrató en las paredes de una cueva africana.

> *El baile se vuelve ahora una especie de cadena algo solemne, todos pasan de mano en mano, combinándose con precisión y complejidad.²⁶²*   15

MAXIMINO   Y ahora todos ...

TOÑA   en las manos de todos ...

POLO   vamos a oír latir ...

TOÑA   largamente ...

MAXIMINO   el misterio ...   20

INTERMEDIARIA   de nuestros propios corazones ...

> *Siguen la danza, la cadena.²⁶³ La luz ha ido aumentando progresivamente como a latidos,²⁶⁴ hasta alcanzar la máxima intensidad.*

TELON   25

CUESTIONARIO

1. ¿Son universales los personajes, o mexicanos?
2. ¿Qué papel tiene la Intermediaria en el drama?

---

²⁶⁰ *Esa ... ya es otra historia* Well that ... (you've guessed it) ... that's another story.   ²⁶¹ *¿Y el fulgor de esa estrella extinguida, desde hace tantos años luz?* And now, what about the light from that star, extinguished so many light years ago?   ²⁶² *todos pasan de mano en mano, combinándose con precisión y complejidad* They pass from hand to hand combining in precise and complex figures.   ²⁶³ *Siguen la danza, la cadena* They continue to dance the chain-like dance.   ²⁶⁴ *como a latidos* as though by heartbeats.

3. Hay varias versiones del carácter de Toña y Polo. ¿Cómo cambia nuestra actitud mientras leemos lo que dicen la Intermediaria, el Voceador, el Profesor?

4. ¿Se podría eliminar a Maximino del drama? Explique.

5. ¿Cómo ve Vd. la relación entre a) Toña y su madre; b) Polo y su madre?

6. ¿Por qué hablan tanto de la Rosa?

7. ¿Cuál es la verdad del accidente?

8. Explique la significancia del baile al final.

9. ¿Qué revela la pieza respecto a la vida mexicana?

TEMA GENERAL

Escriba un final a la historia de Toña y Polo.

Vocabulary

Except for a few special cases, the following are being omitted from the vocabulary:

Adverbs ending in -mente, words translated in the footnotes, cognates, diminutives, augmentatives, possessive adjectives, pronouns, articles, personal pronouns, numbers (ordinal, cardinal), proper names, absolute superlatives of adjectives (ísimo), regular past participles, demonstrative adjectives and pronouns and words occurring in the first 3 groups of Russell, *The Most Common Spanish Words and Idioms* (Revised and enlarged edition, New York: Oxford University Press, 1946).

Certain environmental words, also any common words with a local or special meaning are being retained.

Genders have not been indicated for masculine nouns ending in o, and feminine nouns ending in a, dad, ion, tad.

A comma usually separates the English meanings. If there is a drastic difference in meaning a semicolon is used.

Abbreviations:

col.	colloquial
f.	feminine
m.	masculine
Mex.	Mexican
pl.	plural

abalanzarse   to throw oneself; pounce upon

abanderado   standard bearer

abatimiento   depression

abeja   bee

abismarse   to think or feel deeply

abismo   abyss

ablandar   to soften

abnegado   abnegated, self-denying
abofetear   to slap in the face
abogado   lawyer
abogar   to plead, advocate
abolsado   baggy
abrigo   coat, wrap
absorto   absorbed
absurdo   absurd
aburrir   to bore
abusar   to abuse
acallarse   to be quiet, become silent
acampar   to camp
acaparamiento   monopoly
acariciar   to caress
acecho   ambush
acentuar   to accentuate
acera   sidewalk
acero   steel
acomodar   to accommodate, arrange
acongojar   to afflict, cause anguish
acorde *m.*   chord *(music)*
acreedor   deserving, accrediting
acurrucar   to huddle
acusar   to accuse
ademán *m.*   gesture
adentro   inside
aditamento   accessory
administrar   to administer
admirativo   admiring
adornar   to adorn
adorno   ornament
adosar   to lean (something)
   against (another)
afectar   to affect
afecto   affection
afectuoso   affectionate
afición   inclination
afilar   to sharpen
afuera   outside
agarrar   to catch, take hold of
agitarse   to become excited
aglomerar   to agglomerate
agotar   to exhaust
agredir   to assault, attack

aguantar   to bear, endure; resist
aguardentoso   with the smell of
   alcohol
águila   heads (*one of the coin's faces*)
aguzar   to sharpen
ahinco   eagerness
ahorrar   to save
aislar   to isolate
alambrado   wire fence
alambre *m.*   wire
alarido   howl, scream
alarmar   to alarm
alba   dawn
albino   albino
alborotar   to excite
aldea   village
alegrías   (*Mex.*) candy
alerto   alert, vigilant, on the watch
aleta   fin of a fish
alfombra   carpet
algazara   noise, clamor
alimentar   to feed, nourish
alimenticio   nutritious
alimento   food, nourishment
aliviar   relief
almacén *m.*   general store
almendra   almond
aló   hello
alojar   to lodge
alterarse   to get upset
altivo   proud
altoparlante *m.*   loudspeaker
alucinar   to dazzle, fascinate
amago   portent
amarillo   yellow
amarrar   to tie, clasp
amasar   to collect
ambiente *m.*   atmosphere
ambigüedad   ambiguity, uncertainty
ámbito   space, the air
amenazador   threatening
amistoso   friendly
amontonar   to gather together, amass
amplio   broad

andrajo   rag
ángulo   angle
angustiar   to cause anguish, distress
anoche   last night
anómalo   anomalous
anonadar   to overwhelm
ansia   anxiety, agitation, yearning
ansiedad   anxiety
ansioso   anxious
ante   before, in front of
antebrazo   forearm
anterior   previous, preceding, former
añorar   to yearn for
aparato   apparatus, machine
apasionado   passionate, devoted
apellido   last name
aplaudir   to applaud
aplauso   applause
apreciar   to appreciate
aprecio   appreciation, esteem, regard
aprensión   fear
aprisa   promptly, fast, in a hurry
aprobación   approval
aproximar   to get near
apuntar   to point
apunte *m.*   annotation
apurarse   to hurry up
arado   plough
arar   to plough
arbitrario   arbitrary
arbusto   bush, shrub
arena   sand
arengar   to deliver a speech
argumentar   to argue, discuss
arraigar   to root, establish
arrasar   to raze, finish with
arrebatar   to snatch from
arrinconar   to corner
arrobar   to enrapture
arrodillarse   to kneel down
arruga   wrinkle
arruinar   to ruin
articulación   joint (*of the body*)
ascender   to ascend

ascensor *m.*   elevator
asentir   to agree, assent
asesino   criminal
asignar   to assign
asimilar   to assimilate
astro   star, heavenly body
asustar   to frighten
atascarse   to get stuck
atemorizar   to frighten
atenerse   to stick to, abide
atentado   transgression, offense
aterrador   terrifying, dreadful, frightful
aterrar   to terrify
atestiguar   to affirm as a witness
atinado   cautious; to the point
atónito   astounded
atraer   to attract
atrasar   to remain behind, retard
atribuir   to attribute
atril *m.*   reading-desk, stand for books
atrio   covered walk before a church-door
atropello   abuse
atuendo   clothing
aturdidor   stunning
aumento   increase
auténtico   authentic, genuine
autocastigo   self-punishment
autoritario   authoritative
avaro   miser, avaricious person
avejentar   to age before one's time
averiguar   to find out
aviso   warning
avispa   wasp
azorar   to surprise, to upset, to astonish
azotea   the flat roof of a house
azuloso   bluish

bala   bullet
balaustrada   balustrade
bandido   bandit
baño   bath

barato   cheap
bárbaro   barbarian; ignorant, lacking culture and education
barraca   barrack
barracón *m.*   hut
barrer   to sweep
barrio   district or section of a large city
barro   mud
basura   garbage, trash
basurero   garbage collector; person who picks up objects from the garbage
bata   jacket, short coat;—de levantarse   dressing gown
batuta   conductor's wand
bautizar   to baptize
bendición   blessing
betarraga   beet
biblioteca   bookcase
bicicleta   bicycle
bienvenido   welcome
bigote *m.*   mustache
bizco   cross-eyed
blandir   to swing
blanquear   to whiten
blusa   blouse
bocina   receiver or arm of a telephone
bolsa   pocket
bolsillo   pocket
bolso   moneybag
bomba   bomb
boquete *m.*   hole
borde *m.*   border, edge; al—de on the verge of
borracho   drunk
borrar   to erase
bostezar   to yawn
botar   to throw
bote *m.*   small vessel
botella   bottle
botón *m.*   button
brazo   arm;—s cruzados folded arms

brillo   shine
brinco   leap
brindar   to offer
brisa   breeze
broma   joke
bromear   to joke, to make fun
brusco   brusque, sudden
bruto   stupid, ignorant
bueno   hello (*used when picking up a phone*)
buitre *m.*   vulture
bulto   bulky package
burguesía   bourgeoisie
busca   search
buscapleito   trouble-maker
búsqueda   search
butaca   armchair
buzón *m.*   mailbox

caballaje *m.*   horsepower
cabina   booth
cabro   goat
cadáver *m.*   cadaver, corpse
cadera   hip
cafeto   coffee tree
calcular   to calculate
cálculo   calculation
calendario   calendar
calentar   to warm, to heat
cálido   warm
caliente   hot
calificativo   qualification, terminology
calmar   to calm
calzada   avenue, highway
callarse   to keep quiet
cámara   photographic camera
camarada   comrade, companion; partner
cambalache *m.*   barter
camión m.   truck, bus
camisa   shirt
campesino   peasant
cana   gray hair
canalla   scoundrel

canción   song

cancha   court, (*sports*) field

candado   padlock

candelabro   candelabrum, large and ornamented candlesticks

candoroso   candid, innocent

canoro   melodious

cansarse   to get tired

cantera   quarry

capturar   to capture, arrest, get by surprise

caramillo   Indian flute of the Andean region

cardenal *m.*   welt

carecer (de)   to lack

carga   load, freight

cargar (con)   to assume, take on oneself

carpintería   carpentry

cartel *m.*   poster

cartera   wallet

cartón *m.*   cardboard

carretera   road

cáscara   shell or rind of something

caseta   booth

caso   case; no hay—there is no solution

casucha   hut, shack, hovel

cautela   caution

cauteloso   cautious, wary

cedazo   sieve

ceder   to grant

celeste   light-blue

celos *m.pl*   jealousy

célula   cell

cemento   cement, concrete

ceniza   ash

centavo   cent

cernirse   to hover

cerradura   lock

cerrojo   bolt

certeza   certainty

cerveza   beer

cicatriz *f.*   scar

cigarrillo   cigarette

cilindrada   volume of the cylinders of an internal combustion engine

cine *m.*   motion picture

cinta   ribbon

cinto   belt

cintura   waist

circo   circus

circular   to circulate

círculo   circle

civismo   patriotism; responsibilities held by a person as a member of a community

claro—que no (sí)   of course not (of course)

clavel *m.*   carnation

clisé *m.*   cliché, stereotype

cobijar   to cover, shelter

cobrador *m.*   collector of rents or money

cobrar   to charge, collect

cobre *m.*   copper

cocina   kitchen

cocinar   to cook

códice *m.*   old manuscript treating remarkable points of antiquity, codex

codicia   greediness; meanness

codo   selfish; avaricious

cojear   to limp

cojo   lame

colar (ue)   to strain, filter

colchón *m.*   mattress

colectivo   collective

colero (*col.*)   top hat

coliflor *f.*   cauliflower

colina   hill

comadre *f.*   friend; neighbor

comentar   to comment

comodidad   comfort, commodity

compacto   close together

compás *m.*   beat (*music*)

competencia   competition

competidor   competitor

completar   to complete
complicar   to complicate
cómplice *m.*   accomplice, accessory
compositor *m.*   composer
comprensión   understanding
comprobar   to verify
concluir   to conclude, end
concreto   concrete
conejo   rabbit
confiado   confident
confidencial   confidential
confidente   confident
conformarse   to resign oneself
confundirse   to get confused
conglomerado   conglomerate
conjuración   conspiracy
conjurar   to conspire
conminar   to threaten
conquistar   to conquer
consciente   conscious
consola   console table
contagiar   to infect;—se   to catch
contenerse   to contain oneself
contestación   answer
contradecir   to contradict
contrarrestar   to counteract
contratar   to contract for, engage, hire
controlar   to control
convocar   to call together, convoke
copartícipe *m.*   joint partner
coquetería   coquetry, flirtation
coreografía   choreography
coro   chorus, choir
corral *m.*   place where cattle are kept
correspondencia   mail
corromper   to corrupt
corrupto   corrupt
cortante   sharp, cutting
cortejo   cortege
cortina   curtain
costa   cost; a—de   at the expense of
costal *m.*   sack or large bag
costanero   coastal
creador   creative

crema   cream
crío   child, offspring
crujir   to creak, crackle
cruzada   crusade
cualidad   quality
cuán   contraction of **cuanto**:   how
cuartel *m.*   headquarters
cubeta   pail, small bucket
cucaracha   cockroach
cuchillo   knife
cuerda   cord, rope
cuero   leather
cueva   cave
cuidado   care, worry: **tener**—to be
   careful
cuidadoso   careful
culminar   culminate
culpa   guilt, fault; **por tu**—because
   of you
culpable   guilty
cuna   cradle
cundir   to yield abundantly
curarse   to get cured
curtidor   tanner

chamaco   friend; boy
chancearse   to joke, jest
chanza   joke, jest, fun
charco   puddle
charla   chat
chasconear   to tease
cheque *m.*   check
chicle *m.*   chili sauce; chewing gum
chillido   screech
chiste *m.*   joke, prank
chorrear   to drip
chueco   crooked, bent
chupar   to suck

danza   dance
danzarina   frolicsome
dar   to give; to make; hit, strike;—**la**
   cara   to face;—**tiempo**   to have
   enough time; **dado que**
   provided that

decepcionar to disappoint
decorar to decorate
deducir to deduce
definir to define
dejar to leave; let, allow;—tranquilo
  to leave alone;— ¡deja! never
  mind
demorar to delay
demudar to change color or
  expression
denunciar to denounce, inform on
depender to depend
depravado depraved
deprimente depressing
derredor: en—all around
derrota defeat
derrotar to defeat
derrumbarse to crumble
desabrido insipid; ungraceful
desacompletar to use up
desafiar to defy
desahogo relief from pain or
  affliction
desarrollar to develop
desastre *m.* disaster
desayuno breakfast
desazón *f.* displeasure
desbielar to move connecting rod of
  an engine out of place, "throw" a
  rod
descarrilamiento derailment of a train
descarrilar to derail a train
descolgar to unhang, take off the
  hook *(phone)*
desconcertar to disconcert, confuse
desconfiar to distrust
descortés discourteous
descubrimiento discovery
descuidarse not to be careful
descuido carelessness, oversight
desechable disposable
desembarazarse to get rid of
desfachatado shameless
desfile *m.* parade

desflorar to deflower
desgarbado gawky
desgreñado matted
deshilachar to ravel, fray
designar to designate
deslizar to slip, slide
deslumbrar to dazzle the sight
desmantelar to dismantle
desmayarse to faint
desmesurada disproportionate,
  excessive
desnudo naked, nude
desobligar to release from an
  obligation
desolado desolate
desolar to desolate
desorden disorder
despacio slowly
despavorido terrified
despectivo contemptuous
despegar to separate
desperdiciar to waste
despilfarro waste, squandering
desplegar to unfold
desplomar to fall over; topple
desprecio disdain
desprenderse (de) to rid oneself of
destejer to unweave
desteñir to fade
desvalido destitute; unprotected
desvanecer to vanish, dispel
detenimiento care, thoroughness
diálogo dialogue
dicotiledóneo dicotyledonous, having
  two seed-leaves
dictadura dictatorship
dictar to dictate
dificultoso difficult
dignidad dignity
diluir to dilute
diminuto very little or small
disciplinar to discipline
discípulo pupil
discutir to argue

diseño   design
disimular   to feign, pretend, hide
disminuir   to diminish
disolver   to dissolve
disparar   to shoot; throw with violence
distorsionar   to distort
distraer   to distract, divert;—se   to
   amuse oneself
distraído   absent-minded
docena   dozen
doler   to hurt
doloroso   painful
domingo   Sunday
donaire *m.*   gracefulness; cleverness
dorso   back
dureza   hardness

edad *f.*   age; **Edad Media**   Middle
   Ages
educativo   educational
efectuar   to carry out
egoísmo   selfishness
egoísta   selfish
elegancia   elegance
embellecer   embellish, beautify
embolsar   to pocket
emitir   to emit, send forth
emocionar   to move, stir
emplástica   plaster, bandage
empleado   employee, servant
empujar   to push
encaminarse   to set out
encarnada   scarlet, flesh colored
encarnar   to embody, incarnate
encerrona   trap; voluntary
   confinement
enclaustramiento   cloistering
encoger   to shrink
encuadernar   to bind (*books*)
encuerar   to be naked
endurecer   to harden
enérgico   energetic
enervado   nervous
enfrentarse (a)   to face

enfurecerse   to become infuriated
engendrar   to engender
enguantarse   to put gloves on
enigmático   enigmatic
enmudecer   to become silent
enojar   to irritate, make angry
enrolar   to enlist
ensangrentar   to stain with blood
entendimiento   understanding
entonar   to sing in tune
entorpecer   to obstruct
entraña (*fig.*)   heart; soul
entregarse (a)   to devote oneself to
entrelazar   to interlace, intermix
entretener   to entertain; delay
entronizar   to place on a throne
entusiasmar   to enthuse
envalentonar   to make bold
envejecer   to get old
envidia   envy
equivocar   to mistake;—se   to make
   a mistake
erguir   to take an erect pose
eructo   belching
escalera   staircase; ladder;—abajo
   downstairs;—arriba   upstairs
escalofrío   cold shudder
escalón *m.*   step (*of a stair*)
escenario   stage
escofina   thick-toothed file
escrúpulo   scruple
escuadrón *m.*   squadron
escueto   bare
escultórico   sculptural
escupir   to spit
escurrirse   to drip, leak
espaldar   back (*of a chair*)
espantar   to frighten, terrify
espanto   dread, terror
espantoso   dreadful
espectáculo   show
espectro   spectre, ghost
espeluznarse   to have one's hair stand
   on end

espera waiting
esperanza hope
esperanzado hopeful
espina thorn
espinazo spine
espiral *f.* spiral
esqueleto skeleton
esquina corner
estampar to print
estancia sitting room, any large room
estatuario statue-like
esterilidad sterility
estética aesthetics
estilizar to stylize
estimulante *m.* stimulating
estimular to encourage
estofado stew
estómago stomach
estrábico cross-eyed
estrangular to strangle
estrellado starry
estremecedor terrifying
estremecerse to tremble
estrenar to use or do for the first time
estrépito deafening noise
estribillo refrain
estridente strident
estropajo rag, scrub cloth
estruendo clamor, loud noise
estudiante *m.* student
estupefacto stupefied
estupendo stupendous, wonderful
estupidez *f.* stupidity·
estupor *m.* stupor, amazement
evocar to remember, recall
exagerado exaggerated
exagerar to exaggerate
exaltar to exalt, get excited
excitar to excite
excluir to exclude
exigencia exigency, pressing
   necessity
expectativa expectancy, hope
expiar to expiate

explotación exploitation
explotar to exploit
expulsar to expel
exterior outside
extraer to extract
extrañar to miss, wonder at

fábrica factory
fabricar to manufacture
facción feature
fantasma *m.* ghost
fantástico fanciful
fardo sack
farmacéutico pharmacist, druggist
fascinante fascinating
fastidiar to vex, annoy, bother
fatigar to exhaust, tire
fauno faun, satyr
fealdad ugliness
ferocidad ferocity
feroz ferocious
ferrocarril *m.* train
festín *m.* feast
fetichismo fetichism
ficción fiction
ficha card (*in employment or*
   register)
fiebre *f.* fever
fiera beast
fierro iron
filosofar to philosophize
financiar to finance
fino good
firmar to sign
firmeza firmness
flaco thin; meagre
flamante brand-new
flauta flute
flojo lazy
flor:—de lis fleur-de-lis; iris
florecer to flower, blossom
flotar to float
fofo empty; spongy
fogata bonfire

fono   telephone
forajido   bandit
forma   way, manner
formalidad   formality
fornido   robust
foto *f.*   picture, photograph
fotografía   photograph, picture
fracaso   failure
fraguar   to plot, scheme
franqueza   frankness
frecuencia   frequency; con—frequently
fregar   to scrub, wash; break; be in a
   bad way
frenesí *m.*   frenzy
frijol *m.*   bean
frustrar   to frustrate
fuente *f.*   dish
fugacidad   fugacity, brevity
fulminante   fulminating, explosive,
   violent
funcionar   to work, perform
fundición   foundry
furia   fury
furioso   furious
furtivo   furtive

galpón   shed
gallina   hen
ganar:—se la vida   to earn one's
   living
gancho   hook
ganga   bargain
gangrena   gangrene
garantía   warranty, guaranty
garbanzo   chick-pea
garganta   throat
garrapata   tick (*insect*)
gasificar   to gas
gatillo   trigger
gemelo   twin
gemido   groan
gemir   to groan, moan
gentil   genteel, kind
gentuza   rabble

germinar   to germinate, bud
gigantesco   gigantic
girar   to turn, rotate
girasol *m.*   sunflower
globo   balloon
glorieta   summer house; rose
   garden
golpear   to knock; hit
gordo   fat
grabado   engraving
gramófono   phonograph
grasiento   greasy
greñas   tangled hair, matted hair
griego   Greek
grieta   crevice, crack
gris   gray
grosería   rudeness, grossness,
   coarseness
grotesco   grotesque
gruñir   to grumble
grupo   group
guardarropía   cloakroom
guitarra   guitar
guitarreo   sound of playing guitars

hacendado   landowner, rancher
hacer   to do; make; have; give; cause;—
   plus inf. to order
hachar   to chop
hambriento   starved, hungry
haragán   lazy
harapiento   beggar
harapo   rag
harina   flour
hechizo   spell
herramienta   tool
hilación   continuity
himno   hymn
hinchar   to swell
hipoteca   mortgage
hipótesis   hypothesis, supposition
hojear   to turn pages
hombro: al—on the shoulders
horda   horde

hormiga ant
horrorizar to horrify
horroroso horrible
hoyo hole
hozar to nose about, root (*as hogs*)
hueco hollow
huésped *m.* guest
huesudo bony
huidizo fugitive
húmedo damp, humid
humillar to humiliate
hurgar to poke

idear to conceive an idea
idéntico identical
identificar to identify
idiotizar to stupefy
ídolo idol
igualdad parity
igualización equalization
igualizar to equalize
iluso deceived
ilustrar to illustrate
impaciente impatient
impasible impassive
impasividad indifference
impávido dauntless
impertérrito serenely
implicado implicated
impresionante impressive
improvisar to improvise
impulsar to impel
imputación charge
incapaz (de) incapable of
incendiar to set on fire
incierto uncertain
incinerador *m.* incinerator
incitar to incite
incluso including
incómodo inconvenient;
  uncomfortable
incomprensión lack of understanding
inconsciencia unawareness
incorporarse to sit up; straighten up

increíble incredible
incriminación accusation
incuestionable unquestionable
incurable incurable
indeciso undecided, doubtful
índice *m.* forefinger
indignarse to become irritated, get
  angry
indio Indian
industrial *m.* industrialist
infancia infancy
infantil infantile, childish
infeliz *m.* wretch
infinitud *f.* infinity
infraestructura infrastructure
ingenuo candid
ingrato ungrateful
iniciar to initiate
injusticia injustice
inmaculado immaculate
inmerecido undeserved
inmóvil motionless
inmovilizar to immobilize
inofensiva harmless
inscribir to inscribe
insistir to insist
insólito unusual
integrar to form part
interesarse to take an interest
intermediario intermediary, mediator
interno boarding pupil
intruso intruder
invadir to invade
invasor *m.* invader
inversión investment
invitar to invite
ir to get along: do;—se *plus ger.* to
  become gradually;—sobre to
  advance upon
iracundo wrathful
ironía irony
irónico ironic
irradiar to radiate
irreal unreal

jalonear   to pull
jaqueca   headache
jarabe *m.*   syrup; dance
jaula   cage
jocosidad   jocosity, humor
joya   jewel
juguete *m.*   toy
julio   July

ladino   sagacious, cunning
ladrar   to bark
ladrido   bark
lago   lake
lana   wool
lapicero   pencil case
lastimar   to hurt
lata   tin can
látigo   whip
lección   lesson
leche *f.*   milk
lenguaje *m.*   language, style of
   speaking and writing
leña   firewood
leñador *m.*   wood-cutter
levantar   to build up, raise up
libreta   notebook
licenciado   lawyer; a degree in
   Spanish universities
liga   garter
ligereza   lightness
lima   file (*tool*)
limpiar   to clean
liquidar   to liquidate, murder
liso   plain
listo   ready
locutor *m.*   announcer (*radio*), speaker
lógica   logic
lógico   logical
lona   canvas
lucero   morning star
lúcido   lucid
lucir   to wear; use; display
lujoso   luxurious
lumbre *f.*   fire, flame

luna   moon; luz de la—moonlight
lunes   Monday
lustrar   to polish
llevar:—una vida   to live, spend a
   life
lloroso   weeping, tearful
lluvia   rain

madera   wood (*other than firewood*)
madrugada   dawn
magia   magic
magnificar   to magnify
magro   meagre
magulladura   bruise
maíz *m.*   corn
malayo   Malayan
maldito   cursed, damned
maleza   thicket, weeds
malicia   malice, perversity
maloliente   bad-smelling
malla   wirescreen
mamá   mom, mother
manada   herd, flock
manaza   huge hand
mando   command
manera: de tal—in such a way
manga   sleeve
maniobra   maneuver
manipular   to manipulate; fumble
maniquí *m.*   mannequin
mano: en—s de   in the hands of
manotazo   blow with the hand
mansedumbre *f.*   meekness, mildness,
   gentleness
manto   cloak
maquillaje *m.*   make-up
maquillar   to make up
maquinista *m.*   conductor (*of a train
   or locomotive*)
mar *m.*   sea
maraña   entanglement, intrigue
maravilloso   marvelous
marbete *m.*   label
marca   brand

marco   frame
marcha   march
mariguana   marijuana
marino   marine; sea
mariposa   butterfly
mariscal *m.*   marshall
martillero   auctioneer
martirio   martyrdom
mascar   to chew
mascullar   to falter in speaking,
    mumble
masivo   massive
masoquista *m.*   masochist
mástil *m.*   mast
materia   matter, stuff
materno   maternal
matracas   wooden rattles
mecánica   mechanism
mecánico   mechanical
mejilla   cheek
melancólico   melancholic
meloso   sweet
mencionar   to mention
mente *f.*   mind
mentiroso   liar; lying
mercancía   merchandise, goods
mero   mere
merodear   to maraud, pillage, to live
    by one's wits
mestizo   mestizo; hybrid
meticuloso   meticulous
metódico   methodic
metralla   machine gun
metro   meter
mezcal *m.*   intoxicating liquor
    prepared from a species of
    maguey (plant)
mezclilla   denim, coarse cotton drill
microscopio   microscope
mierda   excrement
milagro   miracle
milagroso   miraculous
mimar   to spoil
mina   mine

minucioso   superfluously exact,
    minutely cautious
minúsculo   very small
misericordia   mercy
mísero   miserable
mismo: eso—that very thing
mobiliario   furniture
moda   fashion
modo   way, manner; de cierto—
    to a certain extent; en cierto—
    to some extent
mofa   mockery
molestia   trouble
molinero   miller
mona   female monkey
moneda   coin
monja   nun
monologar   to engage in a monologue
monstruo   monster
montón *m.*   pile
moña   bow of ribbon
morado   purple
morder   to bite
morral *m.*   feedbag; knapsack
mosca   fly
motín *m.*   riot
moto *f.*   motorcycle
mudo   mute
mueble *m.*   furniture
mugriento   dirty, filthy
multiplicar   to multiply
multitud *f.*   multitude
muñeca   doll
murmullo   whisper
muro   wall
museo   museum

nácar *m.*   mother-of-pearl
nacimiento   birth
naranja   orange
nariz *f.*   nose
nervioso   nervous
niebla   fog
nieto   grandchild

nitidez *f.*   neatness
nivel *m.*   level
nocturno   nocturnal, nightly
nomás   no more, just
nublado   cloudy

obertura   overture (*musical*)
obnubilación   blindness; confusion
obra:—maestra   masterpiece
obrar   to act; work
obrero   worker, laborer
obstáculo   obstacle
obstruir   to obstruct
obvio   obvious
ocasionar   to cause
ocaso   decline, decadence
ocurrencia   occurrence, incident
odiar   to hate
ofensa   offense
oferta   offer
oficina   office
oler   to smell
olla   pot, kettle, boiler
opinar   to be of the opinion
oprimir   to oppress; squeeze
ora (ahora) (*col.*)   now;   órale
   now
orgulloso   proud
orinar   to urinate
orita (ahora) (*col.*)   right now
oscuro   dark;
   en lo—in the darkness;
   a oscuras   in the dark
oveja   sheep

paila   caldron, kettle
palabreo   talk, chatter
pálido   pale
palio   canopy used in religious
   processions
palma   palm of hand
palo   wood, pole
palpar   to feel
paño   cloth
panorama *m.*   scene

pantalón *m.*   pants, trousers
pantalla   screen
pantomima *m.*   pantomime, mute show
pañuelo   handkerchief
papá *m.*   father, dad
paquete *m.*   parcel, bundle
paralizar   to paralyze
parecido   similar, alike; resemblance
pareja   couple
parque *m.*   park
partícula   particle
pasar:—por alto   to overlook
pasillo   corridor
pasivo   passive
pasto   grass for feed, pasture
pata   leg or paw of an animal
patán   rustic
pato   duck
patrañas   humbug
patrón *m.*   boss; master
patronal   protective, father-like
paulatino   gradual
pausa   pause
pausado   slow, deliberate
pechuga   breast (*of fowl*)
pedigüeno   bothersome one,
   demanding one
pelea   fight
película   film
pelota   ball
penoso   painful; sad
pensativo   pensive, thoughtful
pepenador *m.*   scavenger
percibir   to perceive
perchera   coat hanger
perder   to lose; miss; ruin; waste;—la
   cuenta   to lose track of;—el juicio
   to go out of one's mind
perecer   to die, perish
pergamino   parchment
permiso   permission
perpetuar   to perpetuate
perplejidad   perplexity
perplejo   perplexed

persignar   to make the sign of the
cross

persistir   to persist

perturbar   to disturb, perturb

pesadilla   nightmare

pesar: a–de   in spite of

pescuezo   neck

pez *m.*   fish

picaporte *m.*   latch

picotear   to peck

pierna   leg

pilar *m.*   pillar

pillaje *m.*   foray

pipí *m.* (*col.*)   urine (*name used by
children*)

pirata *m.*   pirate

piso   floor; storey (*of a building*)

placa   plaque

plancha   iron (smoothing)

planchar   to iron

plantar   to plant; to stand;–se   to
stand upright; to stop

plañidero   mournful, sad

playa   beach

plazo   term; time

plebe *f.*   populace

pleito   dispute

plumada   scratch of a pen

poblar   to populate, inhabit

podar   to prune

podrido   rotten, putrid

poesía   poetry

poetisa   poetess

policía   police

policlínico   polyclinic

polvear   to powder

polvoriento   dusty, covered or
full of dust

pollo   chicken

por   for; by; for the sake of;
–lo mismo   for that very reason;
–ningún motivo   by no means;
–otra parte   on the other hand;
–poco   nearly

porcelana   piece of porcelain

portar   to carry

portero   porter

posar   to rest

postura   posture, position

potrero   pasture ground

práctica   practice

práctico   practical

precipitado   precipitated

premiar   to reward

prendedor *m.*   brooch

prender   to seize, to grasp;–fuego
to set fire;–las luces   to turn on
the lights

prendida   lit

prensa   press

preocupar   to worry

presagio   omen

presentir   to have a presentiment of

preso   imprisoned; prisoner

presuroso   hasty, prompt

previsto   prearranged, foreseen

primavera   spring

primigenio   primogenial, primitive

primoroso   artistic; delicate

princesa   princess

privado   private

privilegiado   privileged

privilegio   privilege

prodigar   to lavish

prodigioso   prodigious, marvelous

proeza   prowess

prójimo   neighbor

prole *f.*   offspring

proletario   proletarian

promiscuidad   promiscuity

propicio   propitious, favorable

proponerse   to intend

proteger   to protect

provenir (ie)   to originate

provocar   to provoke

proyectar   to project

prudencia   moderation

prueba   proof sheet; argument; proof

puente *m.*   bridge
puerco   pork, swine
pulmón *m.*   lung
pulsar   to beat as the pulse, to pulsate
punto: a tal—to such an extent
puñado   handful
puñal *m.*   dagger
puñetazo   blow with the fist
puño   fist
puta   bitch

quebrar   to break
quedo   soft, gentle; easy
querida   mistress; dear
quieto   quiet, still, silent
quincena   fortnight
quinto   fifth; nickel

rabia   rage; annoyance
rabioso   mad
raíz *f.*   root
ramo   bunch, bouquet
rampa   ramp
rapidez *f.*   rapidity, celerity
raqueta   racket
rascar   to scratch
rasgo   feature, trait
raso   sateen
rato   while; moment; short moment;
   a—from time to time;   al rato—after
   a while
ratón *m.*   mouse
razonable   reasonable
re (rete) (*col.*)   very, extremely; many
reaccionar   to react
realización   performance;
   achievement
reanudar   to resume
rebalsar   to overflow
rebelarse   to rebel
rebosante   overflowing
rebozo   shawl
recinto   living quarters
recitar   to recite

reclutar   to recruit
recobrar   to recover
recostar (ue)   to rest
recrear   to recreate, create anew
rectificar   to rectify
recua   drove of beasts
recuperar   to recuperate
recursos *pl.*   resources, means
rechazar   to reject
reflejar   to reflect
refresco   refreshment
refugiarse   to take refuge
refunfuñar   to grumble
regalo   present, gift
régimen *m.*   regime
regir (i)   to govern
reglamento   regulation
regresar   to return
rehacer   to redo, do over
rehuir   to avoid, shrink from
reja   bar, iron grate
relámpago   lightning
relato   narration
remover   to remove
rencor *m.*   hatred
rencoroso   rancorous, spiteful
rendija   crevice, crack
renegar (ie) (de)   to deny, disown
renovar (ue)   to renew
rengular   to limp
renta   rent
repentino   sudden, abrupt,
   unexpected
representante *m.*   representative
reprobar   to flunk
reprochar   to reproach
reproche *m.*   reproach
reptil *m.*   reptile
repudio   repudiation
repugnancia   repugnance
resbalar   to slide
resonar   to resound
restos *pl.*   leftovers, remains
resuelto   resolute, decisive

retener   to retain, hold back
retozar   to frolic
retraso   delay
retratar   to take a picture
retroceder   to move back
retroceso   backward motion
retuécano   pun
reverencia   bow
revisar   to check, control
rezar   to pray
riguroso   rigorous
riña   quarrel
ritmo   rhythm
rizar   to curl
roble *m.*   oak
roca   rock
rocío   dew
rodeo   turn; roundabout way
rojizo   reddish
ronco   hoarse
rosácea   the rose family of plants
roto   broken
rotundo   definite; rotund
ruboroso   shameful
rudeza   rudeness; roughness
rugido   roar
ruidoso   noisy
rumbo   route, course
ruta   route
rutinario   routine

sábana   sheet (*of a bed*)
sabiduría   knowledge
sabor *m.*   taste
saborear   to flavor
saciar   to satisfy
sádico   sadistic
salario   salary
salchichón *m.*   large sausage
salir   to come out;—a bailar   to lead
   out for a dance;—bien   to do well;
   be successful
salto   jump; de un—at one jump, in
   a flash

saludable   healthy
saludo   greeting
salvador   saving
salvaje *m.*   wild, savage
sangrar   to bleed
santuario   sanctuary
saqueador *m.*   thief
saquear   to plunder, sack
saqueo   theft, looting
sardina   sardine
sed *f.*   thirst
seguir: seguido de   followed by
seguro   insurance
sensible   sensitive
serpiente *f.*   serpent
servir:—para   to be used or useful for
sien *f.*   temple (*of the head*)
signo   sign
silbar   to whistle
silbato   whistle
silbido   whistle
silencioso   silent
sillón *m.*   armchair
sindicalismo   unionism
siniestro   sinister
sintético   synthetic
sinvergüenza   rascal, shameless person
situarse   to settle in a place
soberbia   pride
sobre   envelope; on, upon
sobresaltar   to startle
sobrio   sober
socio   partner
sociopolítico   political membership
socorro   help
solapa   lapel
solidario   solidary, involved
sólido   solid
solitario   solitary
sollozar   to sob, weep
sollozo   sob
sombrío   gloomy, sombre
sonriente   smiling
sonrisa   smile

sopesar   to heft, weigh
soportar   to endure, tolerate
sorprendente   surprising
sostén *m.*   support
suavidad   softness
subdesarrollado   underdeveloped
súbito   sudden
subterráneo   subterranean,
   underground
sucio   dirty
sudadera   sweatshirt
sudor *m.*   perspiration
sufrimiento   suffering
sugerir   to suggest
sumergir   to submerge
sumir   to sink
super yo   super ego
superficie *f.*   surface
supersticioso   superstitious
suplicante   supplicating, supplicant
suprimir   to suppress
supuesto   supposed
sur *m.*   south
surgir   to rise, emerge
suspiro   sigh
susto   fright
susurro   whisper

taburete *m.*   stool
tacto   sense of touch
tajamar *m.*   dam
talle *m.*   waist
taller *m.*   workshop
tallo   stem, sprout
tamale *m.*   Mexican dish made of
   ground corn dough usually stuffed
   with chopped meat, wrapped in
   corn husks and steamed
tamaño   size; such
tambalear   to stagger
tamboreo   drumming, strumming
tamborilear   to drum
tanatofilia   addiction to tannate
tapar   to cover

tarea   task
tarjeta   card
taza   cup
teclado   keyboard
técnico   technician
techo   roof
tejeduría   knitting shop or concern
tejer   to knit
tela   cloth, fabric
teléfono   telephone
televisor *m.*   television set
telón *m.*   curtain
tembloroso   trembling
tenderse   to stretch out
tener: —la bondad de   please
tentar (ie)   to touch, to feel;
   to tempt
tenue   light, tenuous; slightly
terco   stubborn
término   place; primer—stage
   front
termita   termite
termo   thermos
ternero   calf
ternura   tenderness
terso   smooth
testimonio   testimony
tiempo: a su—in due time
tieso   stiff
timbre *m.*   doorbell
tiritar   to tremble, shiver
titubear   to hesitate
tobillo   ankle
tocar:—el timbre   to ring the doorbell
todo:—después de   after all
tolerar   to tolerate
tomar:—los nervios   to get on one's
   nerves
tontería   foolishness, nonsense
toque *m.*   touch, ringing of bells
tornero   lathe-man
torpe   clumsy; stupid
torta   cake
tosco   grotesque, coarse

total   so what, after all
trabajador   worker
tractorista *m.*   tractor driver
tragar   to swallow
trago   swallow, swig
traicionar   to betray
traje:—de baño   bathing suit
trampa   trap
trance *m.*   critical moment
tranquilizar   to calm, quiet down
transporte *m.*   transportation
tranvía *m.*   streetcar
trastabillar   to stagger, reel
tremendo   tremendous
tren *m.*   train
trepar   to climb
tripa   gut, intestine
triunfal   triumphal
trizarse   to splinter
trozo   piece
truculento   truculent, fierce
tufo   mustiness
tumba   grave, tomb
turno: de—on duty, taking a turn

ultrajar   to offend, abuse
umbral *m.*   threshold
universo   universe
urbanidad   manners
urgencia   urgency
urticaria   hives, rash
utensilio   utensil

vacilante   hesitating
vagar   to roam, wander
vaina   scabbard, sheath
valija   suitcase
vecindad   neighborhood, vicinity
vecindario   neighborhood,
   community
velocidad   speed
vendedor *m.*   salesman, trader

vengarse   to take revenge
veraneo   summer-vacation resort
verdad: en—really
vergonzoso   shameful
verja   grating, railing
vestir:—de etiqueta   to wear formal
   dress
vestón *m.*   loose gown
veterano   veteran
vía   railway; way, means
viajar   to travel
vidrio   window pane, glass
vieja (*col.*)   woman, dame
vientre *m.*   belly, abdomen
viga   rafter, beam
vigilancia   vigilance, watchfulness
vigoroso   vigorous
violáceo   purplish
viril   virile, manly
viva   hurrah, acclamation, cheer
voceador *m.*   newsboy
volado   flip a coin
volar   to blow up, fly
volcar   to turn over, upset
voltear   to upset, roll over
voracidad   voracity, greediness
voraz   voracious, fierce
voz: voces de mando *f.*   commanding
   voices
vuelta: dar—s   to turn round,
   whirl

ya:—no   no longer
yacente   recumbent, lying
yacer   to lie, rest
yerba   herb
yerta   stiff, motionless, rigid

zafarse   to get out of
zaguán *m.*   corridor, long vestibule
zancada   stride
zapato   shoe